愿你和世界
温柔相处

现代自我心理学之父的十三堂人生哲学课

(奥)阿尔弗雷德·阿德勒◎著

王　颖◎译

中国出版集团

现代出版社

图书在版编目（CIP）数据

愿你和世界温柔相处：现代自我心理学之父的十三
堂人生哲学课 /（奥）阿尔弗雷德·阿德勒著；王颖译
.—北京：现代出版社，2017.4
ISBN 978-7-5143-5863-6

Ⅰ. ①愿…　Ⅱ. ①阿…②王…　Ⅲ. ①人生哲学—通
俗读物　Ⅳ. ① B821-49

中国版本图书馆 CIP 数据核字（2017）第 043640 号

愿你和世界温柔相处：现代自我心理学之父的十三堂人生哲学课

作　　者　（奥）阿尔弗雷德·阿德勒
责任编辑　魏　巍
出版发行　现代出版社
通讯地址　北京市安定门外安华里 504 号
邮政编码　100011
电　　话　010-64267325　64245264（传真）
网　　址　www.1980xd.com
电子邮箱　xiandai@vip.sina.com
印　　刷　三河市宏盛印务有限公司
开　　本　890mm×1240mm　1/32
印　　张　9
版　　次　2017 年 5 月第 1 版　2017 年 5 月第 1 次印刷
书　　号　ISBN 978-7-5143-5863-6
定　　价　39.80 元

序　言

　　阿尔费雷德·阿德勒，是现代著名的精神分析家，也是个体心理学的创始人，人本主义心理学的先驱，被称为现代"个体心理学之父"，他和弗洛伊德、荣格并称为现代心理学的三大奠基人。

　　阿德勒出生于奥地利维也纳，是家里的第二个儿子，父亲是一名富裕犹太商人。阿德勒自幼身患先天性残疾，身体羸弱多病，5岁时一场几乎致命的重病让在心里对死亡产生阴影，也让他决心长大后当一名医生。阿德勒在幼年时因身体问题受到歧视，产生悲观敏感的心理状态，他渴望摆脱这种状态，因而对心理学产生了浓厚兴趣。成年之后，阿德勒就读于维也纳大学，并取得医学博士学位，毕业后当过军医、医学院教授和心理医生，在美国和欧洲各国诊治心理病人，并发表心理学方面的演说。他认为："人不为事物表象所迷惑，而是被自己对事物的想法所迷惑。"他倡导人类发展自我个性与社会群体精神，强调"个体人性的关键，在于他赋予生命什么意义"。这些观点对现代心理学产生了深远影响。

　　20世纪早期，阿德勒受到弗洛伊德的影响，成为"精神分析学会"的重要成员，后来两人在学术理论上产生分歧，阿德勒离开了

"精神分析学会"，建立了"个体心理学学会"，自此，他与弗洛伊德正式决裂，致力于发展和完善"个体心理学"理论体系。1912年，阿德勒发表论文《神经质性格》，推出自己的学说概念，为个体心理学派奠定了理论基础。

阿德勒的个体心理学的价值在于，通过提高人对社会的兴趣，让人们明白了许多人生问题，思考"什么是生命的意义"，从而改变人的生活态度和价值观念，重新树立一个健康乐观的生活目标。阿德勒的人生哲学强调，心理问题其实是社会问题，是个人跟全体社会相联结的一种感觉，"那些对人类没有兴趣的个体，在生命中往往会遭遇极大的困难，并且对他人造成极大伤害，就是这类个体导致人类所有的失败"。

在阿德勒人生哲学体系中，主要探讨几个人生问题。

第一，他认为人生目标决定人类心理和生命轨迹。如果人们的日常活动没有经过修正和引导，就不会产生思考，也不会有目标和梦想。而个体心理学对于思考人类生活的全部表现，就在于体现"朝向一个目标"。如果人们有一个常在目标，他的每个心理倾向必然遵守自然法则，时刻追寻着某种驱动力量，朝着目标前进。

第二，阿德勒提出，从古至今，人类的生活形态建立在群体社会的基础之上，如果个体成员无法进行自我保护，必然会通过群居生活集结力量。人类是一种软弱的动物，几乎不具备单独生活的能力，为了在这个星球上继续生存，人们必须为软弱的躯体补充群体力量，这要通过社会生活和分工才能实现。

第三，人类的性格体现出某种环境特征，是一种生存模式，而不是遗传因素，因而性格可以通过一些外力来改变。人生目标则是影响性格、生命格调、行为、世界观的重要因素。

第四，人的一举一动表现出他的社会感，一个人适应社会的前提是不破坏群体生活，对环境抱着融洽相处的态度。这种态度是衡量人格分类的标准，他如何面对困难环境，直接决定了他是乐观还是悲观。

本书是阿德勒的人生哲学的重译本，以简洁明晰的语言再现这位心理学大师的理论，并突出他所强调的人类的自我观念，不论我们做什么，我们的每一种行为都是个体对生命的答案，我们必须顾及自己是人类社会的一分子，聚居在这个地球上，要以正面乐观的态度对待适应的环境。

阿德勒的人生哲学是一场心灵之旅，也是关于人生观的学问，希望本书的译文能指导读者完善自己的心灵，正确认识生命的价值和意义。

译　者

目 录

CONTENTS

第一章

认清所处的世界

如何认知世界

　　每个人的心灵都必须掌握一项技能，即为了适应周围的一切，要接受外部环境给自己带来的各种认知印象。而心灵对周围环境的各种认知，会让人逐渐建立起某种理想的行为模式，在心灵上形成明确的目标，并为之追求。而事实上，这种建立过程从人类的婴儿时期就已经开始。

　　到目前为止，这种的心灵表现，我们尚未找到具体、准确、清晰的专业术语，但无法否定它的存在。一直以来，我们都认为只有在心灵出现无力感时，才会有上面所述的表现。此外，我们的行为能够应对一定的改变，能够在某种程度上自由行动，从而确立一定的目标。心灵的每一项活动都是通过这样的方式确立目标，然后得以展开。而其中所包含的自由价值和主观能动性，给予了心灵更加丰富多彩的认知体验。

　　正如婴儿一般，在迎接一个全新的世界时，初次从地上站起来的刹那间所感受到的，围绕在身边的无数潜在的危险和威胁的敌对存在，这种直观的感受会影响婴儿最初的行动尝试，尤其是在婴儿初次学习走路的时候面临的种种困难和障碍，他们或许会因此饱受打击，又或许会因此对未来充满自信。但是，他们并没有意识到自己为什么会出现这种感受。而在成年人看来，这些看起来不值一提或者习以为常的小事，却有极大可能对孩子的心灵造成巨大的影响，并在此基础上形成对这个世界的所有认知。

要了解这点非常简单，只需询问孩子们最喜欢什么游戏或长大后有什么理想即可。如果是一度行动受阻的孩子，那么他们很可能对刺激的、激烈的运动产生向往，在询问他们的时候，他们通常都十分向往成为汽车、火车之类的驾驶员，又或者成为跑步、游泳等自由运动的运动员，这就是孩子主观地、直观地表达对于消除行为上的障碍的强力愿望。而如果孩子的自由行动活动不受阻碍，心底没有自卑与障碍感，这类孩子的人生目标和心灵行动往往指向一些真正的自由行动。而对于这种自卑感与障碍感，通常会出现在身体发育缓慢和先天病弱或残缺的孩子身上。那么相同的，先天性听力残缺的孩子会因为对声音充满极大的兴趣而有很大概率会变成音乐喜好者，喜欢十分积极阳光、欢快的音乐曲调。先天性视力残缺的孩子则更喜欢通过视觉来了解和认知整个世界。

因此，在了解和认知世界的时候，孩子首先动用的就是人所拥有的一切身体器官，其中最重要的就是感知器官。由此可知，人与世界最基本的认知联系，就是通过人本身的器官所建立的。任何人认知世界的时候，率先使用的就是眼睛，人在睁开眼睛后会被看到的事物所吸引，由此可见，人类认知世界的首选器官就是眼睛，因此眼睛便成了最为关键的感觉器官。那么毫无疑问的，人们的主要人生经验大多是来源于眼睛所产生的视觉印象。与其他的感官器官不同，例如，耳朵、鼻子、舌头、皮肤等，这些器官通常只能感受到短时间，或者瞬间的刺激，而视觉印象在人们对身边的世界的认知和了解的过程中，往往印象更深刻，更持久，其重要程度是其他器官无法比拟的。但这并不是绝对的，总会有例外，如，部分人的占据主要地位的感觉器官是耳朵，他们主要通过听觉来收集种种信息和印象，从而达到认知世界的目的。这种心灵被我们称为听觉型心灵。另一部分人占据主要地位的感觉器官是运动机能。还有一部分人，他们的嗅觉刺激和味觉刺激更加敏感。而第一种听觉型反而是以上类型中较为罕见的类型。

此外，有的孩子身体中占据主要地位的是肌肉系统，对于能够用到运动肌肉的活动，他们对此充满兴趣，这样的孩子即使是在睡觉的时候，仍不愿保持安静，喜欢不停地翻身或者摆动身体。与此相类似的一种类型的孩子，他们似乎一刻也安静不下来，坐也不是站也不是，他们往往从婴幼儿时期开始就很喜欢动来动去，而这种行为不会因为长大成人而有所改变。而这种行为被称为一种恶习，也就是通常人们所说的"多动症"。

孩子跟世界接触，往往是借助对某种器官或是器官系统（感觉器官、运动器官皆可）的特殊关注，否则他们要继续生存，基本是不可能的。借助自身相对敏感的器官，孩子得出了对外部世界的印象，以这些印象为依据，他们从总体上建立了对世界的认知。可见某个人用于探究世界的器官或是器官系统，将作用于他与世界的一切关联，因此一旦了解了这种器官或是器官系统，便能在一定程度上了解他。而要了解某个人行为与反应的动机，只需了解其器官方面的残缺怎样作用于其童年时期的世界观和之后的发展即可。

世界观的构成要素

无论是谁，其心底都会一直存在一个确切的最终目标，而其所有行动也都是为了该目标而服务的或者由该目标所决定的。因此，无论是对心理认知能力的选择，还是心理认知能力的强烈程度与活动，都为该目标而作用。一个人要对世界产生某种认知，心理认知能力是必不可少的，即心理认知能力决定了人们对世界的认知，也就是我们常说的世界观。为什么人们通常只能感受到生命中比较特别的一环，或者比较特别的某件事的某个特别的部分。原因不外乎如此，因为每个人所关注的必然是跟自身目标相符或者跟自身有着很大联系的事物。因此，如果要对某个人的行为有真切的了解，就必须深入了解其心底的目标，并且要从全面、客观的角度来对其行为进行评价，必须要了解该目标对其一切行为发挥着哪些重要作用。

一、知觉

通过感觉器官，将对外部世界的感觉和刺激传到了大脑，并在大脑中留下记忆的痕迹，从而在此基础上建造想象与记忆的世界。这就是知觉的作用。但是，由于知觉具有感受者个人独一无二的品性，因此把知觉与照片对等，是错误的、不可行的做法。因为知觉的独一性，注定每个人对事物的感受与他人不同。那么，即使两个人面对相同景物，他们的反应一定不会完全相同，对看到的事物的感受也必定不会相同。

从孩子的角度来看，当他们来到世界，对周围的环境进行感知的时候，所留下的记忆印迹，会与他们早期的行为模式相符合。例如，如果孩子的感知在视觉发展方面较为突出，那么孩子的视觉特征也一定会比较突出。而这部分人主要通过知觉来为自己拼凑出不同于其他人的世界图画。但是，我们要知道知觉是人类的一种感官记忆，由于人体趋利避害的特性，身体里的记忆不一定完全属实，也就是说知觉不一定完全与现实相符合。由此可见，人类的感知方式和感知内容都存在独特性和特殊性，也就说明每个人对世界的感知注定会各有不同。但是每个人都可以调节自身与外界的各种关联，达到个人感知与世界的某种平衡，从而适应整个世界。

综上所述，知觉不是单纯的生理现象，而是心理认知的能力。通过对这种能力的观察与解析，可以让人们对他人的心灵世界有更加全面和透彻的认知，也便于人们对人类的心灵和个性进行研究。

二、记忆

在人类知觉的基础上，心灵具备一定程度的感知后，必然会以此为基础开展许多活动。而记忆则是对这一系列的活动进行记录、分类和整理的存在，人们再根据这些存在对之后的活动进行安排。心灵的活动主要是以人自由运动的目标和目的为依据展开的，与自由运动能力有着密不可分的关联。这一切的官能对人们适当的自我保护和安然无恙的生存发挥了重要作用，缺一不可。

众所周知，每个人在面对各种人生问题的时候，反应都各不相同。而这些反应会在人们的心灵中留下印迹，也就是我们所说的人的记忆。因为人要跟自己周围的环境相适应，因此记忆中的评判功能，对人们的心灵来说是不可或缺的。记忆是人们预防灾祸的必要条件，从而推导出如下结论：人的每个记忆都不是偶然的，其背后隐藏着一种无意识的目的，或者是为了鼓励人们继续这么做，或者是为了警告大家从中吸取教训，不要再犯相同的错误。总而言之，任何一种记忆的存在都是有一定的意义和重要性的，不存在毫无意义或不重要的记忆。因此，只有清楚记忆背后隐藏的目标和目的，才能有效评判该记忆的价值。

相当重要的一点，就是关于人们的记忆在记住一些事情的同时，遗忘另一些事的原因。因为某些事的记忆对某些特别的心理倾向非常关键，并且对某项关键的潜在的心灵运动发挥着推动作用，所以人们要记住这些事。反之，人们通常不会记住那些对计划毫无关联的事。这就证明了记忆也具有目的性，指引人的总体人格的目的去掌控所有记忆。如果能够长期存在于脑子里，并符合心灵的某项预设目的活动的要切，那么就算是不清晰、不正确的记忆，如童年时期的记忆，往往主观又混乱，也会演变成一种态度、情趣，甚至是一种哲学态度，因此也就说明了人不存在纯粹的毫无目的、毫无意义的记忆。

三、想象

每个人独有的个性，需要通过具体的幻想与想象才能得到最清楚的展现。这里的想象就是知觉重现，但是这里却没有知觉的对象，也就是说想象就是对知觉的复制，由此也可以证明出心灵的创造力。也就是说知觉是在身体的感受基础上产生的，而想象则是建立在知觉重现的基础上，以知觉为基础形成的崭新且独一无二的事物。

所谓幻觉，即是由某种真实存在的事物刺激产生的幻想，从本质上来讲，也就是建立在现实之上，个体虚构出的记忆。幻想的景象非常清晰，不但拥有想象的价值，还能如真实的刺激物一样，对个体行为发挥一定的导向作用。幻想的清晰程度远在一般的想象之上。幻想所需要的条件就如做白日梦需要的条件一样，所有幻觉都源自幻想者自身所期望的或想要达成的目标或目的，相当于是个体的灵魂进行艺术创作。有个案例能对此做出解释。

有个很年轻、很聪明的姑娘，不顾父母的反对，与一个男人结婚。因此，愤怒的父母与她断绝了关系。之后，她逐渐地觉得父母没有善待过自己，随着时间的推移，这样的想法不断地在她的记忆里加深。因此她跟父母曾有很多和好的机会，却因为彼此的执拗和骄傲，最终以失败结局。

姑娘原先生活富足，受父母宠爱。婚后却恰好相反，过着十分贫穷的生活，处境十分艰难，但是她的婚姻的外在表现却半点也看不到悲惨印迹。或许大家觉得她早就习惯了这种贫穷的生活，直到她的生活发生了一件怪事。

父亲因为不满她的婚姻而不再宠爱她，她由于骤然失去原来的宠爱，导致两人的关系严重破裂。以至于她的孩子出世时，父母依旧无动于衷，没有去看望她和孩子。姑娘本就骄傲，而在她最需要关怀与照料时，她的父母表现得如此冷漠，这更加戳到了她的软肋，伤害她的感情，加剧双方矛盾，导致她更加无法原谅他们。

姑娘追求的目标彻底控制她的情绪，这一点很值得注意。也能让我们清楚地知道，因为她性格特征的缘故，造成跟父母关系破裂之后，对她产生如此深刻的影响。姑娘的母亲是一个既严肃又正直的品性上佳的人却在女儿面前表现得尤为苛刻。对于如何能够稳固自身的地位，又不违背自己的丈夫（最低限度表面看来是这样），母亲心知肚明。因此她也很从容地做到了这一点，让大家留意到了她的顺从，这让她十分骄傲并引以为荣。她还为她的丈夫生了一个儿子，在他人看来，儿子与他的父亲非常相像，十分受到父亲的器重，由此可见这个儿子日后一定会成为家族财产的继承者。这就导致这家人过多地看重儿子而忽视了女儿，女儿由此便产生了更加强烈的占有欲。而在姑娘结婚以后，原本自小受尽父母疼爱的生活一去不复返，与婚后艰苦度日形成鲜明的对比，以至于她经常回想父母对自己如何不好，而怨恨的情绪也随着时间的推移越来越强烈。

在某天晚上，姑娘还未睡熟，她的房门突然被打开，圣母马利亚从外头走进来，走到床边告诉她："我一定要跟你说一件事情，在今年的十二月中旬，你将会离开这个世界，而我是这样爱你，因此不希望你事先没有任何准备。"

之后，姑娘便把丈夫叫醒，然后把这个幻象十分细致地说给他听，而她自己也不害怕。第二天，她又将此事说给医生听，并且坚持认为这是她亲眼所见，亲耳所闻，坚决地否认这明显是一件幻想出来的事。

但是细细推敲，姑娘的这种幻想看似不可思议，其实却不难理解，只要运用专业的知识解析一下即可。实际上，这个年轻的姑娘是一个拥有很强的占有欲望的人，同时热衷于掌控他人——这是对姑娘的性格特征观察的结果。她在与父母断绝关系后，发觉自己的处境如此困窘而心力交瘁，而父母的决绝和冷漠，更加深深地伤害了姑娘的自尊心。如果一个人竭尽全力地想要掌握生活的各个方面，那他会有很大概率能够接近上帝，并与之交流，我们要理解这点并不难。这样一来，姑娘的幻觉也就不难解释了，但是为什么她看到的不是上帝而是圣母马利亚呢？我们还要更深入地探讨她的状况。

想要完全洞察此时的秘密，只需要了解姑娘的灵魂深处的渴求即可。任何人与姑娘有相似的遭遇时大多数都会做梦，不过不同的是，这个姑娘在清醒时也会做梦。她的控制欲望因为抑郁的情绪承受了巨大的压力，这一点我们要格外注意。当前，我们注意到，姑娘幻觉中，她的身边出现的并不是她的亲生母亲，而是另外一位母亲，一位无疑是所有人心中最了不起的母亲。而这两位母亲的对比也十分明显，也就是说，她这种幻想实际上是在指责母亲对自己的爱有所欠缺。

实际上，姑娘的这个幻觉就是极力地为父母的错误寻找证据。同时，在日常生活中，十二月中旬这个时间并不寻常，每年的这段时期，人们往往会频频想起自己的至亲，大多数人会与亲人间来往密切，相互拜访探望赠送礼物，并从中得到很多乐趣，这也是一个十分适合和好的时机。而这个特殊的时间更加容易引发身陷窘境的姑娘对父母的指责以及过去父母对她的美好的渴望，这样来看，姑娘的幻觉就很好理解了。

这个幻觉中，可能大家会奇怪，善良圣母的拜访是给姑娘带来一个坏消息——姑娘就要死去。但是在把这件事说给丈夫听时，姑娘却表现得非常兴奋，丝毫没有因为自己的死亡而忧愁。圣母的预测从姑娘家传出去以后，第二天便传到了医生那里。没过多久，姑娘的父母也知道了，而姑娘的母亲也因此过来看望她，这也就满足了姑娘对母亲的掌控欲，以及想与父母和好的欲望。

但是这件事情之后，圣母马利亚却在数日后再度到来，并且带来了与第一次相同的消息。我们询问姑娘，她与母亲上次见面有什么结果，她告诉我们，她的母亲拒绝承认自己的错误。因此，她想要掌控母亲的欲望没有获得满足，以至于她故技重施，又一次出现这样的幻觉。

最后我们想方设法地把她生活的实情告知了她的父母，并且在我们的安排下，她和父亲也见了面，过程让人十分动容。但是没有想到，事后姑娘却说父亲的言行好像表演一样夸张，还埋怨父亲没有早一点过来。也就是说，她的掌控欲仍未能得到满足：想证明自己是唯一正确的，其他人都是错的。

从上述内容能推导出，最沉重的精神压力和对无法达到的目标的执着，十分容易让人产生幻想。幻想在久远的过去和相对落后的地区，确实发挥着巨大的作用。

过去的游记中就有大量与幻想相关的内容，举个十分明显的例子，比如海市蜃楼。众所周知，在生命危险引发的紧张情绪逼迫下，人们会为逃避让人不悦的环境压力，想象出一种光明、振奋的环境。

因此在沙漠中旅行时，人一旦迷失方向，在饥渴、疲惫至极的状态下，很容易看到海市蜃楼。而海市蜃楼也确实能鼓励极度疲倦之人变得更坚毅，能促使犹豫不决之人做出决断，或让人在面对更敏感的新环境能够更好地适应，这就仿佛是一种让人忘记恐慌和折磨的止痛药或麻醉药。

由于很早我们在感知、记忆、想象中见到过同类的现象，因此我们不会觉得幻想有多新奇。而且在之后探讨梦中情境时，我们会发现相同的事物。总结一下，以下两点都能轻易引发幻想：一是经常运用想象；二是对高级神经中枢进行麻痹，以至于其无法发挥辨别功能。当人在受到威胁，或面临危险，或遭受逼迫时，为了清除或战胜自身的软弱，人的大脑便会竭尽全力地幻想。人的判断能力也会随着压力的增大而减少，极力奉行进行自我拯救的人，此时为了把想象转变为幻想，不惜将所有精神能量都集中到一处。

幻觉与错觉相像至极，它们拥有相同的基本环境，包含着同样的精神威胁，唯一的差异是：错觉与外界维持着一定关联，而人们对这种关联存在误解，也就产生了错觉，正如歌德在《魔王》中所说的那样。

为了更好地理解和诠释灵魂的创造力在有需求而引发错觉或幻想的方式，接下来我们将再举一个例子。有个男人的出身很好，但是，最后他只成了一名小小的职员，没有什么大作为，这要归咎于他的学习成绩很差，因为这一点，他对自己的前途感到绝望，这就对他的心灵造成严重压迫。而朋友与家人的批评和责难，更是让他的精神承受了更多的压力。从这时开始，他染上酒瘾，借此暂时忘却烦恼，还为自己的失败找到开脱的借口。之后他很快又被送到了医院，因为长期酗酒而致使他得了震颤性谵妄。谵妄指的是一种大脑综合征，像极了幻觉，因酒精中毒而患有谵妄的病人，时常会产生幻觉，看到了一些小动物，比如老鼠、昆虫、蛇等，还会看到一些跟自己职业有关的事物。

主治医生为了让他不喝酒，用严苛的治疗手段帮他戒酒。他康复出院后，坚持三年一直没喝过酒。但是后来他却又住院了，因为他出现了一些新的症状。通过询问，他说他在工作时（他现在做一名小时工），会经常看到旁边有一个人，那个人总是斜着眼、笑嘻嘻地监视着他。有一次，那人又在嘲笑他，他气急败坏，不管那家伙是人是鬼，抓起一根铁锹丢了过去。那个人躲过了铁锹，然后冲上来把他狠狠揍了一顿。

一个人患病中的幻象竟然能对他拳打脚踢，如果说是鬼就不可能了。虽然这个男人经常出现幻觉，但这一次遇到的绝不是幻象，而是一个真人，他误会了那个人。显然，在他出院以后，戒掉酒瘾并没有对他的消极想法起到好的作用。在他失去了家庭和工作以后，为了维持基本生活，他不得不去做小时工，而这种工作是他和他的亲友们都看不起的，因此他的精神压力非但没有减轻，反而比之前更加严重。也就是说，戒酒之后，他的处境却变得更加凄惨，他之前还可以用酒精麻痹自己获得安慰，现在却连安慰和发泄的方式都没有了。再说，他未戒酒前，以酗酒来应对家人或朋友对自己一事无成的指责。而且，因为酗酒而一事无成比承认自己能力不如他人，对他来说，前者更容易接受，也能减轻自己因为能力问题而受到的压力。但是在戒酒成功后，他只能面对现实，之前的各种压力也并没有因为他的身体康复而减轻，反而有更加加重的趋势，而之前还可以以酗酒当借口，现在的失败却没有任何借口可以利用，也没有任何方法可以安慰自己能力不如他人、一事无成的现实了。

而在这样的情况下，他就出现了幻觉，他似乎仍然以酗酒时的身份面对这个世界，跟以前没什么区别，并且他也能够清楚地意识到酗酒对自己生活的危害，明显毁掉了他的整个人生，现在想要挽回却已经不可能了。而他现在做的工作被人瞧不起，令他自己也很厌恶，但是他并没有主动辞职，而是想要借生病来摆脱这份工作。因为他的幻想症状延续了很长时间，所以他再一次住进了医院。不难看出，他在通过这种方式安慰或者暗示自己，告诉自己原本可以取得巨大的成就，只是因为酒精葬送了一切。他想通过这样的方式来维持自己继续生活下去，对他而言，维持这种心理状态比保住这份工作要重要得多。为此，他通过幻想不断地麻痹自己，说服自己现在的一切都是因为酒精，又或者因为运气、命运等不可控力而造成的。为什么自己拥有远大的抱负却一直不如他人，都是因为自己前行道路上阻力太多。他不断地这么催眠自己，不过是因为无法面临他人的嘲讽和讥笑，而又没有实力改变，为了维护自己的自尊而迫切产生这样的情绪，从而安慰自己，从中得到救赎和慰藉。

幻想

灵魂还拥有一项大家熟悉的创造机能，即幻想，它包含了前文中描绘的种种现象。幻想与白日梦跟一些在意识中烙下印迹的记忆，或者跟建造了神奇上层建筑的想象相似，都被归为灵魂的创造活动。幻想的要素之一是预测和预先判断，也是一切运动生物的基本能力之一，不可或缺。幻想与人类的运动性存在紧密的关系。换句话说，幻想便是预测的一种手段。孩子和成人的幻想大多涉及将来，虚构出一幅海市蜃楼的图景，成为未来的实际生活的典范。此外在某些情况下，幻想又被称作"白日梦"。在孩子幻想中的第一主角是追逐权力，这在相关研究中得到了确定的结论。孩子的幻想大多数开头第一句话便是"长大后，我……"，而孩子"白日梦"也将会被自身所追逐的目标所填满。生活当中，成年人与孩子并没有什么不同，其人生目标毫无疑问也是对权力或者所谓一些成功的追逐。我们由此再次注意到，发展心灵的一个必要前提就是确立目标。而在人类文明中的这项目标，主要是个人获得社会的认可，努力出人头地。根据人类社会生活的要求，人类要始终坚持进行自我评价，这必然会激发人们追逐优越感，也激发人们的强烈欲望，渴望在竞争中获胜。因此，只凭一个平庸至极的目标就想获得永久性满足，那是不可能的。通常来说，孩子的幻想拥有相当明显的预测性，而且这些幻想基本都是设置场景，在场景中展现出个人的力量。

因为我们做不到为幻想程度与想象范围设定具体界限，因此也就无法用相同的标准判断问题。上述的内容适用大多数情况，但是对于一些特殊状况，可能并不好用。在好胜心理的作用下，如果一个孩子以挑战的态度对待人生，那么他往往表现得十分慎重、警惕，而且承受着较常人更为沉重的压力，从而也能更好地提升想象力。还有另外一种情况，觉得人生有很多不称心之处的弱小孩子，他们同样拥有较强的想象力，但是这种孩子容易在幻想中迷失方向，甚至有的孩子还会借助想象力，在某个时期逃避现实。还有人会运用幻想来批判现实，从而达到逃避或者忽视现实的目的，这是一种对幻想的滥用。此时的幻想，早已演变成为沉迷于某种能力中，许多人想利用幻想这种虚无的方式，摆脱平淡无奇的生活。

在幻想的世界中，伴随着追逐权力期间问世的社会感同样发挥着重要作用。通常来说，孩子在幻想中追逐权力，都会想象在人际事务中显露自身力量，以此来展现幻想。例如，有的人会幻想着自己拯救世界，幻想自己是强悍的骑士，幻想自己击垮邪恶势力，幻想自己打败魔鬼等，都清晰明确地展现出了这项特征。然而，还有一些孩子经常有这样一种幻想：自己并不生活在现有的家庭，而是来自另一个家庭，自己拥有很了不起的父亲，他会在未来的某一天接自己离开这里。而有此类幻想的孩子通常都有一个共性：拥有很强烈的自卑感，并且总有一种被掠夺的感觉，因存在感不强而很难吸引别人的关注，或者觉得无法在家庭中获得足够的温暖和关怀。还有的孩子，他们会对外表现出不符合年龄的类似于成年人的表现，他们对崇高理想的追逐便在这种外在的态度中展现。并且，在某些情况下，部分孩子对理想追逐的方式达到近乎病态的状态，例如，男孩儿出门时，只戴硬礼帽，捡来一些雪茄烟蒂，以此伪装自己已经是可以顶天立地的男子汉了。又或者，有的女孩子十分想做男孩子，在着装和行为上皆向男孩儿靠拢。

可以说，幻想是为人类个体的理想而服务的。因此，评判一个孩子没有任何想象力的说法是错误的。这一类孩子，并非他们不愿意展现自己的幻想，而是他们因为某种原因而不愿意展现，甚至为了某些原因而压抑自己的幻想。还有第三类孩子，他们因为生活环境的原因，为求适应现实生活而倾尽全力压抑或者扼杀自己的想象力，令其本身不沉溺于幻想。因为在他们心中，幻想是一种不成熟的表现，很有损他们的男性气魄。更有甚者，对幻想反感至极，导致从表面上看，他们的想象力，也就是幻想能力，近乎为零。

梦的概述

我们的研究在之前提到了白日梦，现在具体来研究一下睡梦。人们常说日有所思夜有所梦。睡梦，是一项睡觉期间十分有意义的活动。许多经验丰富的心理学家都表明，通过对人类个体睡梦的研究，能够更轻易地了解该人的性格。中国还曾有《周公解梦》这样的著作，通过梦境来表达或解读个人的思想。可见从古至今，睡梦都是人类思想的重要组成部分之一。睡梦跟白日梦都有以计划、设计将来的生活，并引导人朝安全发展的功能。两相比较，白日梦比睡梦更好理解，睡梦却难以分析，这也是两者最大的差异。睡梦难以分析这一点并不难理解，好像在暗示睡梦本身就是多余的，一点意义也没有。但是，有一点在当前是被心理学领域认可的，就是一个人只要尝试战胜困境，维护自己未来的地位，就会在睡梦中表现出自身对权力的追逐。那么，睡梦可以帮助人们解决精神问题，便是成立的。

移情或认同

除了能够感知真实发生过的事情以外，人的灵魂还能够感受或预知即将发生的事情。由于人类会不断地遭遇并调节适应生活所面临的问题，因此该能力也会相应地发生改变，提高预测能力，这就是所谓的移情或认同。在人类的精神世界中，移情或认同的发展相当发达，且分布广泛，是较为常见的一种精神表现。而移情或认同存在的一个重要的条件——预测能力，是不可或缺的。当某个个体不断地通过掌握利用自身的思想、知觉和感受之间的相互作用，从而正确地判断，也就是预测某种将要出现或发生的事件时，就能预先确定、预知或预测自身所处的该事件的环境中采取相应的行动。也就是说，必须有这样能够预测和判断环境的能力，才能够更好地选择是要努力靠近，还是要慎重地躲避。

人与人相处，会在沟通交流的过程中产生移情。而在沟通交流的过程中，站在对方的立场上，由此会对对方产生认同。若要将移情具体化和形象化，那么移情就是艺术，具体表现为戏剧。移情另一种常见的表现，就是当注意到人身处危险时，自己也会感受到类似他人的难以言喻的不安感受。这种移情给予个人的感情冲击极强，虽然自己并未遭受到同样的危险，但是还是会下意识做出防护的动作，身体所做出的反应，甚至让我们的意识来不及反应。当我们看见别人的杯子打碎的时候，对于他要出现什么样的姿势，我们都很清楚。打保龄球的人做出各种动作，以此来控制球滚动的路线，这也非常常见。观众在看台上欣赏足球比赛，自己喜欢的球员即将进攻的时候，大多数观众都会做出前进或向上的姿态，而另一队拿到球时，观众们努力做出下压的反抗姿势。遇到危险的时候，汽车上的乘客下意识做出刹车动作，这种状况也经常发生。当人们经过高楼时，看见有人擦玻璃，会不自觉地退后，做出缩脖子保护自己的姿态。一个演讲者如果思维混乱，无法讲得连贯，观众就会产生郁闷被限制的感觉。这样的情况在观看戏剧表演的时候尤为明显，观众会不自觉地将自己带入到角色之中，想象自己取代了演员的位置，仿佛成了主人公一样。而正是这种感受，让我们对别人的所作所为产生认同。而这种认同，正是以人类天生的社会感为源头，为人类的生存提供了极大的依靠。这种认同通过这样的感受向人类展示所处的宇宙中的宇宙感。我们生而为人，只有具备这种特征，才能够站在非自身的立场上，对其产生移情，从而达到认同。

移情类似于社会感，它的程度有很多不同的层次，连孩子也有类似表现。许多孩子似乎喜欢将身边的布偶当成是人，有的孩子十分关注于自身的精神世界，这样的孩子通常喜欢由自身灵魂或精神世界幻想出某些虚拟的人和物，因为如此，他们往往表现出离群索居，十分孤僻。因此，如果过于关注没有生命的事物，斩断了个人与社会与他人之间的联系，终将会彻底结束个人的发展。大多数孩子很少会出现虐待动物的情况，除非毫无社会感，无法站在其他生物的立场上产生认同。孩子若缺少社会感与移情能力，便会在跟别人建立关系时，对别人的种种情绪提不起半点兴趣，只留意近乎无价值或无意义的事物，只在乎自己。极度缺少社会感与移情能力的人，对与人合作完全持有拒绝否定的态度。

催眠及暗示

一个人如何对另一个人的行为造成影响？个体心理学家认为，许多行为表现伴随着精神生活一起出现，其中包含这类现象。人类共同生活的前提，就是人类个体之间的相互影响。其中，父母与子女、丈夫与妻子、老师与学生，对彼此的影响会较其他关系更为强烈。人受到社会感的影响，在某种程度上来说都被环境所左右，影响的施与方有多关注和顾及承受方的感受和权利，后者承受的自愿程度就会有多强。我们知道，一个人对另一个人造成的伤害，会随着时间的推移而消弭，无法持续很长时间，而一些重要的教育思想，只有让接受者能够感受到自身的权利得到了保障，自己的存在得到了尊重，从而才会最大限度地接受教育思想。而这样的教育方式能够行得通，主要是因为遵循的思想教育方式必然跟人类最初始的本能相符合。而这种本能就是人类对于自身与宇宙、社会、他人之间的种种复杂关系的感悟。

这样的教育方式，不管是从理论还是从实践上来说都是行得通的，除非受教育者本就有心脱离或反叛社会影响。而这种脱离和反叛也非一时形成，而是积年累月的影响，使得该类人逐渐地丧失或淡化了与整个宇宙、社会或他人的联系，形成孤立无援的处境，最终放弃挣扎，与社会为敌。一旦与社会为敌，该类人会在心底排斥一切源于社会的影响。因此，要影响这样的人十分有难度，甚至影响的可能性可以降低到零。并且，这类人会反抗回击一切试图影响他，改变他的东西，除非他自己主观上愿意接受影响。

在面对教育者对自己的影响时，一旦自己感受到被环境压迫，大多数孩子就会心生抗拒。但是如果当外界的压力大到可以清除一切障碍的境界，使权威影响处于绝对稳定的权威地位时，被影响的人只能选择遵从。但是这种遵从却不会给社会带来任何好处，还可能以几种荒谬的形式呈现在人们的眼前。这样的影响会使受影响者失去自身的判断力和自主选择能力，只会习惯性地遵从，一旦失去指引，他们就会难以适应生活。这种无条件遵从会引发十分严重的后果，特别是孩子，成年以后，这样的孩子十分容易受人控制，甚至沦为犯罪工具。例如，在许多犯罪团伙中，团队的领导往往很少露面，通常身居幕后，通过发布指令来操控手下的习惯无条件遵从的人。而这类人往往冲在犯罪现场的最前方，甚至有的人对于自身的犯罪行为毫无认识，反而以遵从为荣，唯命是从，善恶不分。

我们在通过对日常生活中彼此影响的研究表明，最明白事理的人往往最容易受影响，一旦认同他人的意见，便会即时更改自身的错误或行为，因此，这类人很少会出现社会感扭曲的现象。而与之对立的是，越是期待身居高位，控制他人的人，越难受到影响。因为他们心中的绝对权威控制着他们自己的精神，使他人难以接近。

日常生活中最常见的现象就是父母常常埋怨子女不遵从自己的命令，而很少有父母会因为子女的无条件遵从而埋怨。根据心理学家的分析研究，常被父母要求无条件遵从的孩子，他们往往会极力地摆脱如同囚禁自己的牢笼一般的环境，向往超越其他人的生活环境，而在这种错误家庭环境作用下，必然会导致孩子难以接受来自学校教育的影响。

另一种情况是，追求权力的欲望越强，接受教育的可能性越低。许多家庭不断地刺激孩子树立远大的理想，唤醒孩子心底的雄心壮志，这样的目的作为教育的重点。父母之所以会那样做，是因为人类与生俱来的心理，对权力的追求，对绝对权威的追求，这与父母思考不周并无太大关系。比身边的人都更优秀、醒目、出众，几乎是每个人、每个家庭，乃至于整个社会所尊崇的心理。我们在后面一章中，对于个人被某种刺激野心的教育方式阻挠心智发展，野心引发各种困境，将做出更深刻的分析阐释。

无条件遵从会被身边的任何改变严重影响，比如灵媒。在短时间内，灵媒遵从一些奇怪想法，想象发生了什么样的状况。催眠术的基础与它十分相似，并不是每一个表示愿意被催眠的人在精神上就做好了无条件遵从的准备；而一再表明拒绝催眠的人，也有可能在更深处的意识中，对遵从充满了向往和期盼。人在被催眠期间所做的事情，完全取决于该人的心理态度，与信任无关。人们之所以对催眠术误会颇多，是因为大多数人都没有弄清楚这一点。一般来说，人在被催眠期间的表现仿佛都在抗拒催眠，事实上却对遵从催眠者的命令充满了渴求。而不同的人催眠结果不同，也是因为这种渴求的程度不同。说明了催眠程度取决于被催眠者的心理态度，而非意念。

催眠的本质跟睡眠很像，是在他人的命令下所产生的睡眠，这也是神秘性的根本源头。但是，催眠必须要在被催眠者完全自愿地遵从他人的命令的情况下才能发挥作用，也就是说被催眠者的意愿占据了绝对的地位。当一个人接受催眠时，他就放弃了自己的判断技能，选择无条件遵从他人的命令。同时也说明了，催眠过程中，被催眠者完全摒弃了自身的运动技能，更有甚者，催眠者可以随意地操控被催眠者的运动中枢，这也是催眠不同于普通睡眠的原因。人在接受催眠以后，往往除了催眠者想要他们回忆起的事情，其他催眠过程中发生了什么事情，他们完全记不起来。也就是说，催眠，是让人放弃灵魂最精致的结果，即让判断机能失去作用，被催眠者如同催眠者的一只手或一种工具，这也是催眠最重要的特征。

部分人之所以能够对他人的行为造成影响，是因为在他们之中，大多数人都认为自己拥有独特的神秘力量，而自己则是这种能力的源头，这些也许会危害他人，如通灵术、催眠术和灵媒，他们之中，有的人可能会对人类造成严重的危害，不择手段地达成自身罪恶的目的。但是，我们并不能因此就片面地将他们的所作所为归为欺骗，因为有许多人其实本身就很向往遵从，从而十分容易受到上述的拥有神秘力量的人的控制。许多人在面对自身所认同的权威面前，几乎不会想要加以证明，便习惯性地遵从。他们习惯遵从，无意进行理智观察，放弃自身判断的能力，宁可被人欺骗，被故弄玄虚之人所震慑。而借助所谓的神秘力量欺骗他人的做法，除了不断累积遭受被欺骗人的抗议，对人类社会建立和谐的生活秩序毫无作用。而且这些故弄玄虚的人也十分容易遭受到佯装被催眠的人的戏弄，因此，催眠术和通灵术也并非随意可以玩弄。

另外，还有一种古怪的现象，就是被催眠者在遵从催眠者安排的同时，又在一定程度上对催眠者造成欺骗，将欺骗与被欺骗的身份集于一体，难以分辨。而这种情况下，被催眠者遵从的是自己的心理，而不是催眠者的力量的作用，由此可知，在接受催眠的时候，被催眠者并没有受到任何神秘力量的控制，而是完全由自身心态所决定自身被催眠的程度。但是催眠者中，一旦掺杂了欺骗和夸张，便会产生不同的效果，不过最主要的还是被催眠者的心理态度，也就是说，能够被催眠的人，只能是习惯无条件遵从的人；而习惯理智生活，拥有主见的人，通常是不会受到催眠和通灵欺骗的。

还有一种与催眠有着某种共通的精神现象，那就是暗示。通常暗示被归类于印象和刺激，这是我们比较容易理解的解释。在现实生活当中，很明显人不可能只受到一种刺激，因为任何人只要生活于社会中，随时随地都会受到外界信息的打扰，留下或有形或无形的印象。而人一旦受到某种外界信息所留下的印象的影响，那么这种影响通常会一直持续下去，并且不会停止。而暗示，就是这样一种印象，其具体表现为一人的心理诉求和要求，该人希望通过某种方式来让他人接受自己的思想。一旦被暗示对象在受到暗示之后，他的原有的思想被改变或对暗示者的印象增强，这就是暗示者的暗示起到了作用。

在面对外界的刺激时，不同的人会表现出不同的反应，而如果被暗示者受到的暗示来自自己较为亲密或信任的人，那么他受其暗示的程度将会大大地增强，反之亦然。因此，我们务必要留意以下提到的两种人：第一种，极容易受到暗示、催眠影响的人，他们过于看重他人的观点，以至于不论自身观点的对错，他们都选择相信他人而忽视自己的意见。第二种与第一种完全相反，他们十分固执己见，将他人的暗示、刺激视为羞辱，不愿意听取他人意见，一味地坚持自己的想法，不论对错。这两种人的状态都存在明显的缺陷，因为第一种人往往过度依赖他人的判断，而没有自己的判断力，没有明确的是非观，很容易被误导，产生犯罪。而第二种则有很强的好胜心，过度坚持己见，无法客观地面对他人正确的意见，如果不是为了突出自己独特，绝不会偶尔表现一下自己心胸开阔，愿意虚心接受意见，其实要接近这种人非常困难，跟他们建立合作关系也难上加难。

第二章

你为什么而活？

人类总是生活在"意义"之中。由于"意义"过于抽象，我们无法切身经历，只能从人类的角度去感悟，如"木头"和"石头"，为什么会被称为"木头""石头"？简单来说，就是因为"木头"与人类生活有关系，而"石头"也是一样的道理，意味着"是人类需要的石头"。也就是说，关于"意义"的一切体验都是来源于"与人类之间的联系"，任何一个人试图摒弃"意义"来探讨环境，那么他必将是不幸的，因为他将自己与他人隔离开，那么他的行为对于自身或其他任何人都是毫无意义的，也就失去了人生命中最重要的"意义"。因此任何人只要活着，就无法摆脱"意义"。我们对"意义"的体验，也就是通过自身所包含的意义来体验现实，并不是去体验事物的本身，而是解读事物所存在的意义。因此，我们无法给意义下一个精确的定义，因为它永远都是不完整的，无论做多少解读工作，它都无法被完全阐释和定义。也就是说，"意义"的本身，就包含了正确的和错误的意义。

当我们询问某个人："生命的意义是什么？"大多数人可能都回答不出来。因为大部分人根本就不会去思考这个问题，更何况是寻找答案了。事实上，这个问题自人类出现时便有了，是一个十分古老的问题。在任何年代，总会有年轻人，或者更年长的人偶尔探寻到底，即"我们的生命究竟是为了什么？生命的意义是什么"？并且，这样的问题总是在人类遭受某种磨难的时候才会被提起。相反地，倘若生活一帆风顺，那么很少会有人想起或在乎这个问题。如果我们能够做到堵住耳朵，认真地观察人们的行为，那么也许我们会发现，每个人都已经寻找到属于自己的独有的"生命的意义"了。而人们所表现出的行为、表情、观点、态度、习性、志向、习惯和个性特征，背后所隐含的目的，便是他们生命的意义。因此，我们不难得出，人类的一举一动中都蕴藏着对于世界和自身的总结，人们心中得出的"我就是这样，世界就是这样"的结论，就是一种赋予自身的意义、解释生命的意义的行为。

有多少个人，就有多少种生命意义。但是，我们之前曾提及，每一种所谓的意义在某个层面上来看是错误的，也就是说生命的意义并不是绝对的，任何一种生命的意义都不能简单地将其判断为正确或者错误。同时，所有的意义又不断在错误和正确之间衍生变化。择善取优，让我们可以在如此多的解读中，分辨出乏善可陈的和真实有效的，指出错误较轻的与错得更为严重的，进而总结出较好的研究中所共有的要素，以及勉强应对的部分研究中所普遍缺乏的东西。因此，约定俗成关乎"真实"的公共尺度建立起来了，形成一个普世的意义，从而得出解密人类现实的能力。这里，我们需要清楚所谓"真实"的意义，即与人类相关的，能够为人类所用的，被人类所追寻的，就是"真"。也就是说，一旦任何事与人类（我们每一个人）没有关系，那么其中也就不存在"真实"了，因为这样的事件毫无意义。

人生三大任务

人生下来便会背负一些东西，其中有三个不容忽视的人生枷锁，即"三大约束"。"三大约束"构成了现实，人一生所面对的一切疑难或问题皆由此而来，它们不断地出现在我们的生活中，致使我们不得不常常回答或思考这些问题，而也正因为它们，我们在对它们进行回答或解决的时候得出我们人生的意义。

第一个约束，我们都生存在地球上。到目前为止，人类尚未探索出其他适宜人类居住的星球。因此，我们必须尽可能地与地球资源和谐共存，并受到地球的制约。我们必须锻炼体魄，磨炼心智，来延续我们在地球上的生命，确保人类的传承。这是目前每一个人都无法逃避的问题。因为不管我们做什么，我们的行为都是对于当下人类生活的回答，它阐释了，在每个人的心中，什么是必需的，什么是适合的，什么是可能的，什么是有价值的。而这些问题的答案都是建立在同一个基础上的，即我们是人类的一分子，我们生活在同一个星球上。

面对生存环境中的各种危险时，躯体并不强大的人类，时刻修订着我们的应对方案，将眼光放长远并且考虑可持续发展就显得十分重要，只有这样才可以称为个人或者说为整个人类谋求更好的福祉。而得出答案的方式就如同解数学题一样，不能依赖所谓的运气或猜测，只能使出浑身解数，坚持不懈地一步一步演算，脚踏实地地工作。而且我们几乎不可能找到一个完美的答案，然后一劳永逸地建立如同灵丹妙药一般的百试百灵的答案，也就是说，我们只能永不停止地去竭尽所能地找到更加接近完美的答案。我们要不断努力，更上一层楼，当然，无论任何答案都不会脱离一个大的前提，就是人要生活在地球上，一切的好处和坏处都源于此。

第二个约束，是任何人都不可能是人类的唯一。人类作为一种群居动物，与他人的联系紧密，具有很强的社会性。也就是说，任何一个个体，绝不可能在独立难支的情况下，达成目标。如果一个人决定孤零零地生活，独立面对自己所有的问题，那么等待他的，只有灭亡。因为这个人不仅没有能力延续自己生命的力量，更不可能为人类的延续做出任何贡献。因此，人类在生活中，往往会通过与他人之间建立联系来弥补自身的短处、局限或者缺点。也就是说，对于人类个体抑或全人类的幸福而言，贡献最大的就是人与人之间的联系，即合作关系。与第一个约束相同的，人类对于生活的每一个答案，必将建立在任何人都不可能是人类的唯一的约束上。因为我们都知道，没有任何一个人可以脱离群体，脱离与他人之间的联系，一旦隔绝，只有灭亡。如果想生存，哪怕只是个人感情，也要与伟大的目标相一致，即在这个地球上，我们的生活乃至全人类的生命得以延续，都要仰赖与他人的共居生活。

第三个约束，是人类由男、女两性组成。因此，不管是在个体生活还是群体生活中，我们都要考虑到这一点。而对于两性结合的相关的联系要素——爱与婚姻也受制于这条约束，几乎没有男性和女性可以忽视这一点而度过一生。人类在面对这一问题所表现的态度和所做的行为，就是对于这个问题的回答。尽管人们呼吁各种各样的方式来解决这个问题，但是他们的行为又具有相似性，他所相信的解决之道就体现在他的行为中。实际上，三大约束也提出了三个问题。第一个，我们的生存环境中有如此多的局限，那么我们该如何在其中寻找一个赖以生存的方式呢？第二个，如何定位自己在群体中的位置，如何处理与他人之间的关系，达成合作，并享受合作带来的益处呢？第三点，我们该如何对待和理解两性的存在以及以两性关系为基础的人类繁衍的问题呢？

个体心理学家发现，这些人类问题可以概括为三个大的主题，即职业、社会和性。通过对个体面对三个主题所体现的问题的反应，就可以让个体了解他们对于自己生命意义的解读。例如，假设有个人在工作上一事无成，与家人朋友相处淡漠，甚至以与他人结交为苦差事，而他的爱情生活也一片空白或不尽如人意。在各种加诸在他身上的局限和限制的情况之下，我们可以猜测一下他必然会为此感到苦恼，对生存充满消极的态度，认为生活困难，生存不易，甚至认为生活充满了危机，并因此常常遭受失败。由于他的生命空间过于狭隘，如同宣扬这样的观念："生活就是要保护自己，免受其他人的伤害，只有把自己隔离起来，才能全身而退。"那么，倘若上述例子中的人是一个在工作上很有成就，广交好友，与亲人亲密，爱情上也十分顺畅的人。那么他会将生活当作一种富有创造性的使命，一定会认为生活为自己提供无限机遇和挑战，没有什么难关闯不过去。他在面对生活中的各种问题时，所表现的态度是："生活就是对人的兴趣，就是成为整体中的一员，更多地贡献自己的力量，要为全人类谋求福祉。"

社会情感

我们可以看出，所有的认为错误的"生命的意义"与所有的认为真实的"生命的意义"都有其各自的共同点。例如，那些被我们认为是错误的"生命的意义"的人，如神经失常者、罪犯、自杀者、卖淫者和性变态者，缺乏对同伴和社会的兴趣，这也是他们失败的一个重要的原因。在面对工作、社会感情和性的问题时，他们并不相信这些问题可以通过与他人合作来解决，他们对于生命的意义的理解过于片面化、个人化，他们对社会和其他人都缺乏信任，他们认为任何利益都无法与他人或通过他人来获得。而这样的态度也造成他们所追求的成功或成就的虚幻性，因为他们的成就通常只对他们自己有意义。

例如，谋杀者们认为，当他们手持武器的时候能感觉到有一种权力感，但显而易见，他们只能通过自我认可来确定这件事的重要性。因为除他们以外，别的人认为这样的推论简直不可思议，仅仅拥有一件武器便等于获得了某种超凡力量，这是没有道理的。归根结底，谋杀者们所谓的个人化的意义其实毫无价值。因此，只有在人们沟通交流中有效存在的意义，才是真正的意义。就好像一个指代某物的名词，如果只有某一个人明白它的指代，那它便没有意义。我们的目标和行动也是如此，唯一真实存在的意义便是对他人有意义。每一个人都为追寻生命意义而努力奋斗，但是个人的生命意义完全建立于对他人的贡献之上，如果不能明确这一原则，人们就时常会犯错误。

有一个小宗教的宗教领袖的故事。有一天，她将追随者全都召集起来，并告诉他们下一个星期三就是世界末日。而追随者听了之后，全都陷入惊慌之中，之后他们变卖了所有的家产，抛开了一切世俗的烦恼，然后等待令人恐慌的世界末日。结果，真的到了星期三的时候，那一天平静地过去了，与往常没什么不同。之后在星期四的时候，追随者们全都愤怒地质问领袖道："看看你给我们带来的这些麻烦，我们抛下了所有的财产，并对每一个见到的人说了星期三是世界末日。在他们嘲笑我们时，我们还坚定不移地告诉他们，消息源于一位权威人士，可是结果呢？星期三就这么平常地过去了，什么都没发生，世界仍然好好的！"领袖听完，淡定地说："那是我的星期三，并不是你们的星期三。"于是，她通过个人化的方式来逃避自己对追随者们造成的损失，因为个人化的概念是无法验证的。

从中我们也可以看出一个浅显的道理：真实的"生命的意义"并非属于个人，而是具有普遍意义的，是对整个人类群体来说的。因此，对于生命中各式各样的问题，一切解决问题的方法都可以通过他人的范例来实现，而自己的解决方法也可以为他人所用。因为这些问题具有普遍性，它的解决方法也具有普遍性。即使是世界上被人们公认为最特别的人——天才，他们仍然无法超脱"卓有建树"这样的评价。因为，能够被称为"天才"的人，他们的生命必定传达出某种信号："生命的意义，在于为整个人类做出贡献。"

我们并不是要在这里谈论所谓的动机，因为我们在乎的并不是宣言，而是实实在在的结果。凡是能够处理好人生问题的人，他的所作所为必然传达出这样一个信息，即他们仿佛已经清晰地、顺其自然地理解了生命的意义，懂得人生最根本的东西在于对他人的关注以及集体合作。他们所做的每一件事似乎都符合人类的群居本质，当他们遇到困难时，也会努力寻找解决方法，但前提是不损害他人的利益。

对于许多人来说，这可能是一个全新的观点。有的人甚至会怀疑，他们会问："生命的意义若在于奉献，关注他人以及合作，那么个体呢？倘若一个人永远只考虑他人，只追求为他人谋福利，难道不会损害他自身的个性吗？最起码，人们为了谋求发展应该先考虑个人问题吧？每个人不是应当先学会保护自己的利益或加强自己的个性，才会考虑为全人类谋求福祉吗？"

我们认为，这个观点存在很大的谬误，因为他提出的问题本身就是错误的。一个人若是用他总结出来的生命意义生活，并希望对他人有所贡献，那么他的一切行为动机都会指向这个目标，他就自然而然成长起来，完成整个过程，并最终达到他的目标。人们根据个人目标的要求来打造自己，培养社会情感，会在实践中变得成熟。他的目标一旦确立，磨炼便随之而来。在这以后，人们开始武装自己，解决生命中的一些问题，继而锻炼自己的能力。以爱情与婚姻为例，如果你关心自己喜欢的人，你就能竭尽全力地满足爱人的生活，让她感觉舒适富足，那么很自然，你也会呈现出最好的自己。相反，假如你认为理所应当在一个封闭的环境下发展自我人格，拒绝一切对他人有益的动机，那么你只会成为一个嚣张狂妄、令人厌恶的家伙。

关于贡献和合作是真实的生命的意义，还有另外一个证据。综观现在，我们所承袭的东西，几乎都是来自前人的馈赠。如农田、公路、房屋建筑，肉眼所见，这都是前人为我们留下的财富。再如，祖辈们历经无数代人的人生经验，也借助传统、哲学、科学、艺术以及应对各种人类境况的技术呈交到了我们的手上。而这一切人类福祉都是对人类，对社会有贡献的人留下的。

　　而其他人呢？那些不合作，只顾自己，只询问"我从生命中能够得到什么？"的人，他们去了哪里？他们发生了什么？他们不过是掩埋在了悠远的历史长河中，化为尘埃，不留一丝痕迹。他们作为个体，早已灭亡，而整体的生命也不需要他们。就如同是地球本身在对他们发言："我不需要你们，你们也不配拥有生命。你们的目标、奋斗、珍重的价值、思想和灵魂，对我毫无用处，因此你们也毫无未来可言。滚开吧！你们不会受欢迎。所以，消失吧！灭亡吧！"所有认为生命意义不是合作的人，永远只能得到一种判断："你对我们毫无用处，所以没人需要你，离开吧。"当然，目前的文化中还有一些不完美之处，只要发现什么地方不让人满意，就应该改变它，这种改变对于人类的长远利益大有好处。

　　而有的人很早就明白了这一事实，因此他们得知生命的意义就是关注整个人类，并为此做出极大的努力以促进社会利益和爱的增加。最简单的，就是宗教的发展。几乎每一个能够得以广为流传的宗教，它们都有一个最明显的特征，就是它们都关注人类的救赎之道。在世间一切伟大的行动之中，人们总是在不断地提升社会利益，而宗教则是其中最伟大的力量之一。虽然它们常常被误读，并且也难以言说究竟要如何才能做得更好，除非有一个完美答案能够解决这个共同的任务。个体心理学家从科学的角度也得出相同的结论，并希望能够通过科学的方式来实现。我们相信，这是一个不小的进步。对于如何提升人们对于社会群体和人类福祉的关注，或许科学要比政治、宗教等其他运动都更有效率。尽管出发点不同，但无论是科学还是宗教，解决问题的方向都是一致的，就是提高人与人之间的相互关注。

生命意义既可以成为人生旅程中的守护天使，也可以成为难以摆脱的恶魔，那么显然，了解生命意义的形成与来源就十分重要了。怎样区别生命意义和其他意义？万一人生领悟已经发生了重大偏差，要如何将它们导入正途？这是心理学要解决的问题，也是它有别于生理学和生物学的地方，它让我们理解各种不同的"意义"，知晓它们如何影响人们的行为和命运。

儿童成长的经历

在每个人的生命之初，就能够体现出人类对于"生命的意义"的探索。纵然只是小小的婴孩儿，也会努力判断自己拥有何种力量，以及在所处生活环境中占据何种地位。在儿童五岁以前，他们就能够形成了一套较为完整且牢固的行为模式，并且能够运用他们自己的方式来面对生活中的各种问题与任务，这就是我所看到的属于他们的"生活方式"。他们形成了属于个人最为牢固，也最为恒定的概念，了解了自身对世界和对自身期待是什么。从这之后，他们将形成一个固定的统觉框架，并通过这个框架来看待整个世界。也就是说人所得的一切经验，都离不开儿童时期形成的对生命意义的原始理解。

即使这个意义是错误的，即使在面对困难和任务时会一再被误导，即使生命中充满苦恼与不幸，但人们还是不会轻易放弃它。因此，若要对一个人的生命的意义进行修正，我们必定要追本溯源，重新找到错误认知的环境，然后才能自行修正。也有极少数人，在可能被歧途严重误导之后，能够自行修正自身对生命意义的理解，从而成功调整自己的处事方式。但是，大多数人在没有社会压力，也没有意识到的情况下，而继续原有的错误的行为态度，他们只能走向毁灭。因此，对一般人来说，人们要调节生活方式，最好的方式是通过训练有素的心理学家的引导和帮助，心理学家比一般人更加理解生命的意义，能够更准确地发现人们的错误，并加以修正，找出一个更为合适的生命意义。

下面，我们通过不同的情景，来对个体童年的不同方式进行诠释，并且导出对生命意义的不同解读。例如，如果一段不愉快的经历对一个人的未来生活产生了影响，那么这个人可能无法对此释怀。有人会觉得："我们已经如此不幸，那么我们一定要改变现状，为我们的孩子创造一个更好的环境。"但是有的人却会想："生活很不公平，为什么别人过得这么好？老天爷对我不好，我又何必对别人好？"正如我们许多人的父母都会跟自己的孩子说："我以前面对这些苦难、罪过都怎样扛过来了，你们怎么做不到？"还有一种人认为自己无论做什么都要被原谅，他会觉得："因为我的童年不幸，所以我做什么你们都应当包容我，因为我比你们不幸。"以上的三个截然不同的态度，他们对生命意义的解读会直接反映在行为上，倘若不能从根本上去改变，那么他们永远都不会改变生活方式。

这正是个体心理学与决定论最大的区别：经验并不能决定人的成败，真正决定成败的，不是每个人从经验中得到了什么，而是自己赋予经验的意义。如果把某些人生经历当作未来人生的基础，那么不管他的目标多么美好，他已经误入歧途。因为生命并不是被环境完全决定的，而是通过我们自身对环境的解读含义来决定的。

生理缺陷

事实上，许多人都会对童年的某些境遇而对生命做出错误的解读，而这样的人，大多数都过得并不好，碌碌无为度过失败惨淡的一生。例如，幼年饱受病痛或身患残疾的儿童，他们的身体遭受了过多的苦楚，导致他们很难将自己的注意力放在对社会的贡献上。除非有十分亲近的人能够正确地引导他们，否则他们的关注点只有自己。也正是因此，这些人长大以后，在面对社会的时候，往往会过度自卑或过度愤愤不平，认为世界不公，自己遭受了别人没有遭受的苦难，自己过得如此痛苦，别人却轻而易举得到自己想要的幸福的生活。而这样的感受，还会因为周遭环境中的源自其他人的怜悯、嘲笑或排斥而与日俱增，变得更为强烈。在这样的环境中成长起来的人，往往孤僻内向，一旦丧失了成为社会中有用的一员的期待，他们就觉得遭受了来自全世界的羞辱。

我知道，我是第一个描述这些孩子所处困境的人，他们可能机体不健全，可能腺体分泌失调。科学在这方面研究虽取得巨大进步，但如果故步自封，则很难有更大发展。从一开始，我们寻找克服困难的方法，并非简单地认为是生理上的缺陷，或是基因问题。但是，我们忽视了一点，要知道，没有任何一个生理障碍可以强迫一个人进入扭曲的生活方式。我们也从没有见过，生理机能（腺体）在两个孩子身上产生一模一样的效应。事实上，我们常常看见那些克服或正在尝试克服困难的孩子，他们拥有比常人更加优秀，非比寻常的有用才能。

综上所述，个体心理学宣扬的并不是优等生理论。因为即使是杰出的人物，他们也可能天生就有某种生理缺陷，其中许多人因为饱受病痛侵扰，英年早逝，但是他们却为全人类和社会做出了巨大的贡献。如我们耳熟能详的爱因斯坦等。他们总是努力地面对困难，对抗困难，无论是生理上还是物质上，而每一次成功对抗之后，相伴而来的，就是发明与进步。苦难令他们痛苦，也为他们的反抗铺平道路，反抗促使他们比寻常人更为强大，令他们走得更远。但是，更多的与他们可能有一样的缺陷的孩子，由于没有得到正确的引导而陷入个人阴暗的旋涡，无法自拔。这也是为什么我们总能看到许多有生理缺陷的人失败的原因。

溺　爱

还有一种导致儿童误读生命意义的情况，就是溺爱。这样的孩子，通常在蜜罐中长大，都会觉得自己的意愿大于一切，一定要得到满足。他们轻易地享受了众星拱月般的照顾，并不为此付出任何代价，渐渐地他们便会认为他人满足自己的意愿理所当然。而一旦他们不再是众人关注的焦点，或他人不再优先照顾他们的感受，他们便会出现巨大的心理落差。甚至，他们会觉得自己遭受了整个世界的背叛。因为在他们过去的生活中，他们习惯索取，而不懂得付出，甚至没有付出的概念，因此，也不会知道在面对生活中的种种问题的时候，应当做出怎样的反应和如何解决这些问题。由于他们被照顾得太好，甚至丧失了身为人的独立和自主性，根本不知道什么事情是需要自己做的。他们心中只对自己有兴趣，无法理解合作的用途和必要。在面对问题时，他们唯一的反应就是要求他人帮助，这些曾经被宠溺的人相信，只要拥有众星捧月的地位，就能迫使别人承认他们的与众不同，而且他们的一切愿望都要得到满足。只有这样，他们的生活才越来越美满。

作为成年人，这些被宠坏的孩子有可能成为社会最危险的群体。其中有的人戴着冠冕堂皇的面具，他们可能会表现得十分"可爱"和"善良"，让人心生喜欢，但这只是为了能够更好地利用别人，得到好处。一旦被要求做与常人一样的工作时，他们往往会

"罢工不干",甚至有的会公然抗拒。而当失去了众星捧月的状态的时候,他们第一反应就是遭到了世界的背叛,认为整个社会都与自己为敌,便试图报复他人、报复社会。而这个时候,社会表达了对他们生活方式的否定,他们就更加以此为由,认为遭到了新的不公平对待。在这个时候,一切的处罚都是毫无用处,因为处罚只是社会背叛和对他们不公的证据而已。他们心中认为"人人与我为敌",而这种状况的根源就是他们有错误的世界观,这些被宠坏的孩子,长大之后无论消极罢工,还是公然反抗,无论是以弱挟持强,还是用暴力复仇,他们的目标始终如一,就是生命的意义在于成为"第一",被他人视作最重要的人物,并对其予取予求。但是,只要他们坚持这样的生命意义,就注定了他们所做的任何事情就都会是错误的。

忽 视

第三种容易产生错误人生观的,是被忽视的儿童。这样的孩子几乎不知道爱与合作是何物,因为他们构建的生命意义中完全没有这样的积极因素存在。因此也就不难理解,当面对生命中的难题的时候,他们总是高估困难的程度,也总是低估自己获得他人帮助的能力。在他们的眼中,世界是冰冷的,没有友善可言,并且会这样一直冰冷无情。更重要的是,他们根本无法意识到,只要做出对他人有益的努力,就能赢得他人的喜爱和尊重。因此,他们往往会抱着对他人的怀疑生活，更有甚者，连自己也无法相信。

没有什么经历可以取代无私给予对人的影响。而这样的经历，最直接地源自于我们的父母。因此，在孩子来到世界之初，父母最重要的职责就是让孩子体验到信任"他人"的价值。并且，在孩子的成长中，父母还应当进一步增强这样的责任感，直到它充满孩子的生存环境中。因为一旦孩子在第一个任务上失败了，并且没有赢得孩子渴望的关注、喜爱和合作，那么对于他们来说，之后对建立他人或社会之间的联系兴趣就会大大减小，而与他人合作这样的概念也会降低。虽然每个人都有关注他人的能力，但这种能力需要通过后天的培养和练习，才能获得并毫无阻碍地发展。

通过对被忽视、仇视或不受欢迎的儿童的案例分析，我们会发现，在他们的眼里，完全没有"合作"的存在，他们与世隔绝，无法与人交流，因此也不能看到一切可能帮助自己和他人的共存的东西。正如我们之前所提到，一个孤独的个体是很难生存的，而这样的孩子往往都只能走向灭亡。

一个孩子如果能够顺利度过婴儿期，就证明他已经得到了一定的关爱和照顾。因此，也许世上并不存在完全被忽视的儿童。我们所讨论的例子，其实是那些较少得到关爱的，他们受到的照顾低于常规水平，或者他们在某一些方面被人忽视。总而言之，那些所谓被忽视的儿童，就是从来没有真正找到一个值得他信赖的"他人"。令人悲哀的是，在我们的文明世界里，有太多的孤儿或弃儿都遭遇了失败的人生，事实上，我们应当将这些孩子都纳入被忽视的儿童范围中。

以上的三种，即生理缺陷、溺爱和忽视，都很有可能导致个人对生命的意义做出误读。而在这样的环境下生活的儿童几乎都需要外来帮助，才能修正他们的行为方式。只有依赖外部的帮助，他们才会找到一种方法，对于生命有更好的理解。如果我们稍稍留意，也就是说，我们真正关注他们，并且我们受过相关的训练，那么就能从各种细微的表现中看出他们对生命意义的理解。

最初的记忆与梦境

有一项对于梦境与联想的研究被证实可能是有用的：个人的个性和人格，无论是梦境中还是现实生活中都不会有任何改变，都具有一致性。但是在梦境中，来源于社会的压力相对较小，让人容易放松，减轻戒备和隐藏，个性就会得到更多的释放。而能够记录和帮助了解个人对自己生命意义的解读，最得力的帮手便是个人的记忆库了。每一份记忆，或大或小，哪怕是被人们认为多么渺小、微不足道的琐事都会被记录下来，而只要能被记录下来，就证明这是值得记忆的。这些记忆之所以值得记录下来，是因为都与他想象的生活有关。记忆在他们耳边低语，"这是你期待的""这是你应该避免的"，甚至得出定论"这就是你的人生"。因此，我们必须重申，经验本身虽然在记忆中占据一定地位，但它并非那么重要，重要的只是它们的功用，它们被用来印证生命的意义。然而，每一份记忆都经过我们的粉饰。这与个体所设想的生活相关。

如果想了解个体理解生命的独特方法源于何时，或者揭示他们对于生命的态度是在怎样的环境中形成的，童年早期的记忆相当有用。初始记忆拥有十分特别的地位，主要的原因有两个：其一，它储存了人类个体对自身以及所处环境的最初始的基本判断。这是每个人对自身进行的第一次表现评估，第一个最接近完整的自我标记，也是第一次被要求。其二，这是人类个体自觉的起点，也是人们的人生传记的第一章。因此，我们时常会在其中看到脆弱、不足的自我感知和强大、安全理想的目标之间的反差。从心理学的目标层面来看，这份记忆是否只是能够让人们想起来的最初记忆还是真正的最初记忆，以及这份记忆本身是否来源于真实的事件，并不重要。真正重要的是，记忆背后所代表的含义，因为记忆展现出了个人对于生命的解读，从而对于现在及未来产生影响。

有几个关于最初记忆的事例，看看它们是怎样展示出"生命的意义"。例如，"咖啡壶从桌上摔下来，里面的开水烫伤了我。看！这就是生活"！倘若一个女人的人生以这种方式为开端，那么她总会在面对生活的时候感到无助，并总是不由自主地夸大生活中所可能面对的危险和困难，也就让人不觉得奇怪了。倘若她在心底怪罪别人没有照顾好她，我们也不会感到惊讶。因为确实有人粗心地将幼小的孩子丢在一旁，让她陷入了危险之中。

另一个相似的最初记忆是，有个患者回忆说，他三岁时曾经从童车里摔出来过。这种最初记忆演变成无数次重复出现的梦境："世界末日即将来临，我在午夜中醒来，发现天际被火光染红。星辰不断坠落，而另一颗星球快速地朝我们撞来。但是，在撞击即将发生的一瞬间，我就醒了。"这个病人是一位学生，而当我们问他害怕什么时，他回答说："害怕不能拥有一个成功的人生。"显然，由于最初的记忆以及之后不断重复的梦境让他气馁，并加重了他对于失败与灾难的恐惧。

曾经一个十二岁的小男孩儿被带去医院就诊，他有尿床的问题，并为此与母亲经常发生冲突。而他最初的记忆是：当他躲在家里的碗橱中的时候，他的母亲以为他走丢了而吓坏了，冲到街上大声不停地喊他的名字。从这段记忆中，我们得出了一个结论："生命意味着要通过制造麻烦来得到关注，只有通过欺骗才能得到应有的保护。没人关心我，但我却能用愚弄别人的办法获得关心。"尿床正是男孩儿为了确保自己能够得到母亲足够关注的条件，而他的母亲的反应紧张而焦虑，这一表现又肯定了男孩儿对世界的认知。

以上案例中，这个男孩儿很早就得出了"外面的世界充满了危险"这样的关于生命的印象，并且做出了结论：就是只有别人因他的行为感到不安或关注他时，他才能处于安全之中。也是因此，他不断安慰自己说，身边的人总是会在他需要的时候，赶来保护他。

下面说个例子，一名三十五岁的女子描述她的最初记忆："那时我一个人独自站在黑漆漆的楼梯上，有个比我大一点的表哥推开门，从楼梯跑下来追我。我当时被他吓坏了。"从这段记忆看来，她也许不习惯和其他孩子一起玩耍，尤其是对于异性，她更无法轻松相处。事实上，她的确是一个独生女儿，而且直到三十五岁时还是未婚。

接下来的这个例子，则体现了一种发展得较好的社会情感。如一个女孩儿说："我记得母亲让我推妹妹的婴儿车。"然而在这个例子中，我们依旧能找到些许不太积极的痕迹，比如只擅长和相对较弱的人相处，又或是过于依赖母亲。一般来说，当一个家庭中有新的孩子出生时，最好的选择是引导更大的哥哥姐姐来一同照顾婴儿，可以帮助年长的孩子学会关心家庭里的新成员，同时也给他们提供帮助他人和分担责任的机会。因为年长的孩子愿意帮助父母照顾新生儿，会减轻或消除他们对新生婴儿的怨恨，不会认为婴儿抢走了原本属于自己的关怀与重视。

而总是希望与人共处也不全是渴望他人的关注。有个女孩在被问到最初的记忆时，她回答："记得当时我和姐姐还有另外两个朋友一起玩。"在此，我们可以很明显地看到一个孩子在学习如何与人相处。但是，当她被问及最害怕什么的时候，她说，她害怕被抛弃。由此，我们进一步了解她，可以很简单地察觉到她独立性的缺乏。

　　一旦明白了某个人的生命意义，我们就等于拥有了解他整个人性格的钥匙。虽然人们经常说"本性难移"，但很明显，持有该观点的人并没有找到那把正确的钥匙。正如我们看到的，如果无法找出最初的错误在哪里，那么一切论证或治疗都是徒劳无功的。唯一能改进的方法就是，帮助人们用另一种方式对待生命，这种方式更强调合作，也更富有勇气。

学会合作的重要性

　　当我们在对抗神经官能症倾向的时候，合作是唯一的安全保障。因此，我们应当大力培养，以及鼓励儿童学会与他人合作，并且给予他们自行探索和同龄人融洽相处的方式的空间，例如，通过共同完成的小任务，或者一起合作完成游戏。任何阻碍到合作的行为都可能造成十分严重的后果。例如，我们之前提到的被溺爱的孩子，他们的眼里只有自己，一切以自我为中心，即使在学校，对其他人也是漠不关心，诸如此类的现象不会改变。成绩或功课对于他们来说，只是能够借此赢得老师的偏爱的工具而已。因此，他们能够听取的都是对自己有利的东西。而随着年纪的增长，他们身上也会越来越缺乏社会情感。因为，早在他们第一次误读生命意义的时候，也就终止了对于责任和独立的学习，而这是人生中的两大重要命题。时至今日，他们在面对生命中的困境的时候，毫无招架之力，而且满心痛苦。

我们没有权利以幼年时的错误来指责已经成年的人，只能在他们尝到艰辛的时候出手援助，补救他们犯的错误。这就如同我们不能指望没有学过地理的孩子在地理考试中取得高分，同样，我们也不能苛求一个从未学习过合作的孩子正确运用合作来完成一项任务。然而，一切有关生命的问题要依靠合作能力进行解决，每一项人生使命都必须在人类社会的框架里，这些使命得通过谋求人类幸福来实现。也就是说，生命意味着奉献，一个人只有真正理解这一点，才能充满勇气，直面自己的难题，这样才会有胜利的可能。

如果老师、父母和心理学家们能够明白，在探求生命意义时会出现种种错误，如果他们自己避免犯这些错误，那么我们就能够相信，那些缺乏社会情感的儿童会发生改变，他们最终都能对自身能力和生活机遇有更好的感受。当遇到一些困难时，他们会坚持不懈努力尝试，而不是想要寻找一种轻松的方式逃避现实，甚至将重担抛给别人，他们不会要求获得额外的关注和同情，更不会满心羞愤地想要寻求报复，他们不会愤怒地质问："生命究竟有什么用处？我能从生命中获得什么好处？"而是说："我们必须为我们的生命负责，因为这是我们自身的任务，只有我们能做到。

我们作为自己行为的主宰者，任何需要除旧换新的地方，也只能由我们自己完成，不需要他人参与。"如果人类的生命被赋予了此等面貌，形成独立个体之间的合作，那么就真的没有什么可以阻止人类文明前进的步伐了。

第三章

人生最重要的任务

束缚人类的三大约束，其具体表现是人生的三大问题。任何一个问题都无法分解进行解决，因为每个问题都与另外两个问题相互依存。对人类的第一个约束是工作问题。我们生活在地球上，同我们共存的，还包括地球上所有的资源，如肥沃的土地、丰富的矿产以及空气和气候。人类始终在寻找这些条件产生的每一个问题的解决方法，然而时至今日，我们很难说已经找到了满意的答案。因为在每一个历史阶段，人类都会在某种程度上，看似顺利地解决了这些问题，但是却总有更大的遗留空间，需要并等待我们去提高、完善。

解决第一个问题（工作问题）的最佳手段，就是对第二个问题的解决，也就是社会问题。束缚人类的第二大约束就是我们都属于人类族群，需要群居生活，这一事实无法抹杀。假设我们只是生活在地球上的唯一的人，那么我们的态度和行为必然截然不同。但事实上，如今我们必须要为别人着想，而且要通过调整自己来适应他人，让别人对自己产出兴趣。而友谊、社会情感以及合作都是解决问题的绝佳手段。有了对第二个问题的解答，我们就能更顺利地解决第一个问题。

学会了合作，我们才能发现劳动分工的重要性，它是我们人类幸福的首要前提。假设每个人都不合作，也不利用过去由合作创造出来的财富，只凭单打独斗来谋生是绝不可能的。只有通过劳动分工，我们才能利用由多种训练获得的成果，并组织各方面的才能，行动起来，共同为全人类的福利做出贡献，也可以因此获得安全保障，让人们远离不安全感，为所有社会成员创造更多机会。尽管我们并不能说工作已经十全十美，也不能说劳动分工已经登峰造极。尽管还有很多不足和各种问题，但我们对于解决问题的尝试，都必须放在人类劳动分工的大框架之下，通过努力工作，为群体的共同利益贡献自己的一份力量。

有一些人总是想逃避工作问题，总想着完全不工作或游手好闲。但我们却可以发现，他们在躲避这一问题的同时，其实非常需要得到别人的支持。简而言之，无论如何，他们的生活是以别人的劳动成果为基础的，而且自己没有做出丝毫贡献。这就是大多数被宠坏了的孩子，他们的生活方式就是，不管遇到什么问题，都要求别人帮忙解决。这些人阻碍人类合作，并将这些不公平的负担转移到别人身上，而别人则是积极地解决各种生活问题。我们看到，这样逃避责任的人，大多都是那些被宠坏的孩子。

第三条约束是男女的区别。一个人若不是男性，便是女性，人类只有两种性别。我们在人类繁衍的问题上，扮演的角色取决于如何接触异性，以及如何演好自己的性角色。两性关系是一个重要问题，和人生的其他问题一样，是无法孤立解决的。一个人若想成功解决爱情和婚姻问题，不但需要拥有一个有益于共同福利的职位，还需要与他人建立友好关系。我们已经看到，当下的社会里，解决这一问题的最佳方法，也是最被人广泛接受的方法，就是一夫一妻制。它可以最大限度地满足社会需求，也符合劳动分工的要求。同时，每个人的合作程度与能力不同，在应对婚姻问题时会表现得最为清晰。

这三个问题是永远无法分开，它们互相联系，相互影响，在解决其中某一个问题的同时，也有助于其他两个问题的解决。可以确切地说，它们处于同一环境，是同一问题的不同侧面，即都是出于人类维系生存的需要，使自己在自身所处环境中活得更长久。

工作有的时候被当成了逃避社会与爱情问题的借口。在社会生活中，往往有人夸大自身对工作的投入程度，并以此逃避爱情和婚姻中出现的问题。有一位工作狂说："我没有多余的时间浪费在婚姻问题上，因此婚姻的不幸不能责怪我。"这种现象在神经质患者身上表现得尤为典型。他们不愿意接触异性，也对异性没有兴趣，只知道整日整夜地埋头工作，甚至在床上、在梦里仍想着工作的事。他们将自己置身于一种紧张状态下，逐渐地，神经质的症状显现出来，肠胃不适等各种毛病也伴随而来，而这些又成为他们逃避社会和爱情问题的借口。在具体的案例中，还有另一种表现，就是有一种人总是频繁地换工作，他们总觉得自己的下一份工作会更好，但实际上，他们根本没办法在一个职位上待太久，只能不停地换工作。

第四章

个体和社会的关系

人类需要团结

与人结伴是人类最古老的追求。人类的早期文明中出现了组成家庭的倾向，就是一个实证。在家庭中，以集体利益为中心，每个人相互协作，相互扶持，分工合作，共同进步。人类早期的生活中，就是通过这样的方式将成员凝聚在一起，给予每个个体一个共享身份，目的就是让人们团结合作。

一、宗教的角色

图腾崇拜是最质朴的原始宗教。在过去的人类生活中，有的部落可能会崇拜一只蜥蜴，有的部落可能崇拜公牛或蛇。原始图腾是人类能够获取并保持合作的最重要手段之一，拥有共同的图腾崇拜的人，他们能够更好地生活在一起并且展开合作，因为每个群体中的成员都将他人当作自己的兄弟或姐妹。例如，在原始宗教有关的节庆中，所有崇拜蜥蜴的人，他们会聚集在一起谈论庄稼的收成，如何抵御野兽的侵害，面对天灾如何自保，这是节庆最原始的意义。

作为人类繁衍生息的重要事务，涉及整个群体利益的事务。由于社会禁忌的原因，每个男性都有必须在自己的群体或图腾部落以外的范围内寻觅配偶。爱情和婚姻都不是某人的私人事务，这是一项全体人类在精神和心灵上都参与其中的共同责任，这一点在当今社会依旧重要。因此，婚姻本身就包含了一定的社会责任，因为它是获得整个社会认同的重要一步。社会期待婚姻关系中的男女生育健康的孩子，并且能够通过合作将他们的孩子抚养成人。因此，处于婚姻关系中每个人都应当有协力合作的意识，并且贯彻到行为上。也许在今天看来，原始社会为了控制婚姻而采用的图腾、条例细则和制度体系，显得荒谬可笑，但在当时的环境下，这样的制度体系十分重要，对人类文明的发展具有重要意义，而管制婚姻的根本目的就是加强人类个体之间的合作。

宗教要求信众的一项最重要的责任就是"爱你的邻居"。换言之，它与我们之前提到的生命的三大任务所提出的问题是一样的，就是要我们对伙伴（其他人之间的联系）产生更多的兴趣。而且很有意思，我们现在已经从科学的角度来验证这样的任务具有相当的价值。曾经有被溺爱的孩子问我们："我为什么要爱自己的邻居？难道我的邻居很爱我吗？"这个问题表明，他们缺乏在合作上的训练，只对自己感兴趣。这些对人类同胞漠然的人，会在生活中遭遇许多困境，并且给他人带来严重伤害。一般说来，人类的失败者都出自这些人，而正因为如此，许多宗教和政治活动都努力用自己的方式促进人类的合作。我们都认同合作是最终目标，为此努力是值得的。但是，我们也要清楚一点，我们没有互相争执、批评和互相贬低的必要，因为没有任何人可以掌握绝对的真理，并且能够通向合作终极目标的道路也远不止一条。

二、政治和社会行动

众所周知，在政治上，任何再好的手段也可能被滥用。但是如果没有合作，就没人能用政治达成任何协作。因此，这意味着，所有的政治家都必须以人类进步作为终极目标，并为此推行政策，这就需要更精密的合作。当问及如何判断哪位政治家或哪个政党能真正给社会或国家带来福利时，我们通常都会无所适从。因为每个人的判断都是从个人生活方式的角度来解读的。但是如果一个政策或政党，他们能够给身边范围的人创造合作机会，我们则没理由反对这个政党的作为。而对于社会行动的判断也是一个道理，假如这些行动的发起者为了把儿童培养为社会栋梁，以此增进他们之间的社会情感，就算这些行动用的是独属于他们的传统，推广的是他们独有的文化，更有甚者，他们按照他们的理想，去影响或更改法律，我们也不能对此抱有偏见。

所以，判断一切政治和社会行动的价值的基础，就是看他们的作为是否能增进人们对伙伴的兴趣。因此，我们也会发现各种不同的促进合作的方式，或许有些方式不好，但只要目标是合作，就没有立场也没必要只因为其不是最佳方式而进行攻击。

社会兴趣缺乏和建立关系失败

一、自我利益

在此，我们必须要谈一下有关自私自利者的问题。他们的态度不论是对个人还是对集体的进步来说，都是巨大的阻碍。因为，只有通过对伙伴产生兴趣，人类在各个方面的能力才能得以发展。而说话、阅读、写作，这三项作为与他人沟通的基础和必要条件，十分值得我们重视。语言本身不但是所有人类的共同工具，还是社会兴趣的产物。而理解他人并不是一种自私功能，而是一种分享。因为理解的含义就是要以所有人都共同使用的方式去解读，并通过某种能够共享的媒介将人们联系在一起，然后接受全人类的普遍经验。

有些人过分追逐个人利益，追求属于个人的优越感。他们对生活的理解是追求自我，在他们眼中，别人不重要，他们只为自己而活。但这并不是一种共识，是世上大多数人都无法认可的观点。同样地，我们不难发现，这样的人往往无法跟伙伴建立合作关系。我们曾经碰到许多以自我为中心的孩子，他们的脸上总是一副茫然或鄙夷的表情。而精神病患者或犯罪分子，他们的脸上也出现类似表情。他们无法用眼神与人交流，他们的世界观与常人迥然不同。有时这类孩子甚至不愿多看自己的同类一眼，宁肯转移视线，看向别的地方。

二、心理障碍

与他人建立关系失败的情况，还有一种是体现在许多神经质症状上，尤其是强迫性脸红、口吃、性无能或早泄等更为明显。这些症状会出现的根本原因，都是因为对他人没有兴趣，从而致使他们无法与其他人建立纽带关系。

这种状态最严重表现就是精神病。只要可以激起患者对他人的兴趣，精神疾病也是可以治愈的，但是它与社会其他人的疏离相较症状更严重，只有自杀的严重性能跟精神疾病患者相较。因此，若要治愈这些病人，则需要极为高超的专业技巧。我们必须要赢得病人的合作，然后付出超乎常人的耐心与仁爱，再通过最为友善的治疗手段才有可能做到。我曾经受人请求尽全力救过一名患精神分裂症的女孩儿。她自八岁起就恶疾缠身，近两年更是一直住在精神病院里。她总是像狗一样吠叫，而且吐口水，甚至撕烂自己的衣服，还想吃下自己的手绢，这些症状显示出她对其他人的兴趣几乎不复存在。她总是喜欢扮成一条狗，可以理解为：她想当狗，因为她认为母亲把她当狗一样对待。又或者她是在表达，她宁愿当狗，也不愿意当人。而在我刚开始对她进行治疗的时候，一连八天，我与她谈话，都没能得到一句回应。我并未放弃努力，一直到三十天后，我已经成了她的朋友，她开始迷茫而不知所云地说话。因为那时，她觉得受到了我的鼓励。

这类病人对同类的抗拒非常激烈。也就是说，即使受到鼓励，他们也不知道要如何使用自己的勇气。他们抗拒其他人，反应非常激烈。在某种程度上，他们找回勇气后所表现的行为是可以预测的，究其根本还是不愿合作。他们就好像问题儿童，拼命地去惹是生非，一会儿打破放在手上的东西，一会儿殴打身边的人（护士等）。之后，我再跟女孩儿谈话时，她也打了我。我考虑接下来该怎么办，而唯一能让那女孩儿料想不到的是：我根本不做任何抵抗。其实年轻女孩儿力气并不大，我让她打我，但目光还依旧亲切地看着她。她似乎完全没料到这种情况，因为我的反应让她觉得她的攻击完全没有挑战性。

而她仍然不知道如何安抚被唤醒了的勇气。她砸碎了窗户，玻璃划伤了她的手。但我并没有责怪她，而是帮她仔细地包扎了伤口。通常面对这类暴力的反应是将她锁在她房间里，禁止她出门，但这其实对于所有患有精神疾病的患者来说，都是错误的处理方式。因为想要赢得这一类人的信任，就像这女孩儿同类的人群，我们必须要做出与众不同的表现。我们期待一位精神上有问题的人，能够像正常人一样做出正确行为，这样的想法简直就是大错特错。几乎所有人在面对这些病人们不吃饭、撕破自己的衣服的时候，都会感到厌烦、生气，因为精神病患者不能像正常人一样行事。但是我们要知道，如果我们并没别的办法能帮助他们，那么就随他们去吧。

在此之后，女孩儿康复了，并且健康地生活了一年。之后的某天我去她曾住过的精神病院时，正好在路上遇到了她。

她问我："你要去干什么？"

我回答："我要去你住过两年的那所医院，要一起去吗？"

接着我们一起去了医院，并且找到那位也曾经治疗过她的医生，于是我建议医生在我看其他病人时与她谈谈。然而等我回去时，那位医生却非常生气。他说："虽然她健康得很，但有一点让我很生气，她不喜欢我。"

我依旧时不时地关注着这女孩儿，接下来她又正常地生活了十年。她可以自己挣钱，并和别人相处融洽，认识她的人都很难相信她曾经得过精神病。

和其他患者相比，以下两种精神病的病患隔阂表现得更为明显，即妄想症和忧郁症。因为妄想症患者会责备所有的人，认为其他人一起合谋加害自己。而忧郁症患者则是习惯责备自己，他们往往表现出"整个家庭因我而毁"，或是"我没有钱，我的孩子只能饿死"这样的态度，看似将一切错误都归咎在自己身上，但实际上，眼看他们表演的却是别人，忧郁症患者真正指责的是他人。

例如，有一位十分有地位和影响力的女性遭遇一次事故后，无法恢复她从前的社交生活。而她的三个女儿都在结婚后搬出去住了，让她感觉非常孤独。与此同时，在这段时间之中，她的丈夫又离世了。曾经的她备受呵护，面对现在的孤独，她竭力想要弥补自己的失意，便开始出国四处旅行。但是，她感觉自己对别人而言不再像以前那样重要，因为这样，导致她在国外旅游期间患上了忧郁症。连她新交的朋友也因此扔下了她。

忧郁症对患者来说是一项严峻的考验。她发电报希望女儿们能来看她，但女儿们却各有理由，一个也不去看望她。而等她回到家中，嘴里一直念叨的话却是："我的女儿们对我真是太好了。"然而，事实上，在此之前她的女儿们早把她抛弃了，只请了护士来照顾她。尽管她现在回家了，女儿们也只是偶尔过来看一眼。也就是说，她的这句话本意其实是一种指控，所有了解情况的人也不难明白这其中的意思。忧郁症患者大多就是这样，对别人好像会产生无休止的愤怒和责备，其实真正的目的只是能获得身边人的关心、同情以及支持。尽管从表面上看来，患者仿佛只是在为自己的过错黯然悲叹。我们在面对忧郁症患者时，经常会听到类似这样的描述："我记得我想躺在沙发上，但哥哥先躺上去了。我一直哭，然后他只好离开。"

忧郁症患者最常见的表现就是用自杀来报复别人，因此医生首先要注意，尽可能地避免给他们提供自杀的借口。而我在治疗中，也总是遵循治疗规则的第一条，向他们建议道："千万不要去做自己不喜欢的事"，从而来缓解他们的紧张。这看起来似乎不足为道，但是我却触及了问题的根本。假如让忧郁症患者为所欲为，他们还能去指责谁？他们也很难报复什么。我时常对他们说："如果你想去看剧，或者想去度假，那就去吧。假如半路发现自己又不想去了，那就回来，不用勉强自己。"

这是谁都可以做到的最佳选择，可以满足患者追求的优越感，让他们如同上帝一样，想怎么样就怎么样。同时，这和他们的生活方式并不一致，他们想要指控责备别人，但如果别人对他们千依百顺，他们也就毫无办法了。这个策略通常相当有效，因为我的病人之中至今没有自杀的。当然，最好有监护人陪伴这些病人，虽然有的患者受到的监护，其细致程度尚未达到我的要求，但只要有监护人在场，病人一般就没有危险。

然而，我对患者提议时，通常都会得到这样的回答："但是我什么也不想做。"

听过太多次这样的回答，我早有准备。于是我说："那就不要去做你不喜欢的事。"

或者有时候，他们还会回答我："我想一整天都躺在床上。"

我知道，一旦同意他们这么做，他们肯定又改变主意了。我也知道，一旦我阻拦他们，那必然会引发一场争斗。因此，我总是顺着他们的意思，这是一种有效的办法。还有一种方式对他们的进攻更为直接，就是告诉他们："你应当每天想想如何让别人高兴。如果你遵从了医生的嘱咐，那么你两周内肯定能痊愈。"我们可以想象一下，这对他们意味着什么。因为在他们的脑子里，原本想的都是"如何才能让别人操心费力"。

病人的回答也十分有趣。有的人说："这对我来说实在太容易了，因为我这辈子都在讨人欢心。"但实际上他们并未做到。于是，我让他们再好好想一想，他们却又不愿意去想。然后，我又说："如果你睡不着，可以试着花费所有时间去研究怎样讨好一个人，那么你的身体会恢复健康的。"等到第二天我见到他们时，我问他们："你们有按我建议的去考虑了吗？"

他们很多人都回答："昨天晚上，我上床就睡着了。"还有的人会回答："我想我做不到，这太令我烦恼了。"

于是我又告诉他们："那就继续烦恼吧，但是在烦恼的间隙，你也可以试图想一下别人。"我这么做，其实是想将他们的兴趣转移到别人身上。

许多患者就会说："我为什么要去讨好别人？他们从来都没讨好过我。"

之后我回答："你只为自己的身体健康着想，其他不用多考虑。因为不管怎么样，别人以后也会得病的。"但是，会有极少数的病人说："我认真思考过你的建议。"当然，我所做的一切努力的目的，就是为了增加病人的社会兴趣。因为我知道，造成他们的病症的真正原因，就是他们缺乏与他人的合作意识，所以我希望他们自己乐意认识到这一点。那么，如果他们能够与人类伙伴建立起平等合作的关系，他们的病就能痊愈。

三、过失犯罪

缺乏社会兴趣的另外一个明显的例子，就是通常人们所说的"过失犯罪"。例如，有人在森林里不慎跌落点燃的火把，引发一场森林大火；工人在收工回家时忘了收好电缆，任由它横在马路上，结果一辆车正好碾在了电缆上，导致车毁人亡。在这两起事件中，肇事者没有明显伤害他人的意图。即使造成灾害，在道德上他们也并无罪过。但仔细想一想，之所以会发生这样的事件，很有可能是他们从没接受过训练，脑子里没有替别人着想的意识，更不会自觉地采取防御措施，保障他人的安全。这其实是缺乏一种更深层次的合作意识，他们与那些总是捣蛋的孩子是一样的，还有那些总是踩到别人脚、打碎餐碟，或是将桌上东西碰落在地的人，全都如出一辙。

四、社会兴趣和平等地位

一个人如何培养对同伴的兴趣，通常都是由家庭和学校训练出来的。我们都看到儿童发展存在一些阻碍，因为社会情感并不是遗传而来的直觉，但它的潜力却是与生俱来的。因此，父母培养孩子的兴趣要富于技巧，因为儿童在自身环境的判断下进行发展，所以父母对孩子潜力的萌生和成长十分重要。假如父母在教育孩子的时候，让孩子产生错误认知，认为别人对自己充满敌意，自己被敌人包围，已经被逼到角落，那么孩子自然不会交到朋友，更不可能与他人结为好友。如果孩子觉得其他人都是归自己管辖的奴隶，那么他们的愿望就只有统治别人，而不是与别人合作，更不可能帮助他人。如果他们只沉浸在自己的感受中，只关心自己身上的病痛和不舒服，就有可能逐渐与世隔绝，把自己隔离在群体之外。

我们之前已经讨论过，如何才能让孩子感受到，自己是家庭中平等且有价值的成员，并且对家中其他的所有人产生兴趣。我们也知道，只有父母之间和睦相处，并对外人都充满善意，才能够让他们的孩子们感受到，不论是在家庭之中，还是在家庭之外，都有值得自己信任的人。同时，在学校的时候，孩子通常会认为自己是所在班级的一分子，是其他孩子的朋友，并且能够信赖朋友。家庭和校园生活都为孩子的将来进行了提前预备，让他们可以在更广阔的世界中生活。家庭和学校的最终目的也是把孩子培养成一名合格的社会人才，并在人类群体中取得平等的地位。因为只有符合这些条件，孩子们才能鼓足勇气，自信地应对各种人生问题，并能为这些问题找到造福他人的解决方案。

倘若这些孩子长大以后能和所有人做朋友，有一份有价值的工作，有幸福的婚姻，他们通过这些为社会做出贡献，那么他们就不会感到失败，更不会觉得低人一等。他们会认为，自己在这个世界上活得很好，身处在友好的环境中，只要遇见喜欢的人，就能自然而然地与他们并肩合作，面对问题。在这样的情况下，他们自然觉得："这是我的世界，我一定要有所行动，并把行动组织起来，而不是等待和空想。"他们完全相信，当前时代只是人类历史中很小的一个阶段，而其实他们所处的是整个人类历史的进程，即过去、现在和未来。与此同时，他们也很清楚，这是一个应当由他们去创造，为人类进步做出贡献的时代。即使世上会有很多邪恶、困难、偏见和灾难，但这就是我们的世界，任何的益处和害处都是世界的一部分。这世界将由我们去工作、去推进。一旦一个人用正确的方式面对自己的责任，他就已经为社会发展做出了贡献，并尽到了自己应尽的责任。

一个人担负自己的责任，意味着要承担起合作方式的责任，用以去解决人生中的三大问题。我们对一个人的所有要求，我们能够给予最高的赞美就是：他是一位好伙伴、一位好同事以及爱情婚姻中的好伴侣。简而言之，他要向全人类证明他自己。

第五章

爱情和婚姻的真相

爱情、合作与社会兴趣的重要性

在德国的部分地区，有一种古老的测试订婚的男女在婚姻中是否般配的风俗。即在婚礼前，把新郎和新娘带到一处空地，给他们一把双手锯，让他们把地上放着的一棵被砍倒的大树的树干锯成两截。这个测试的真实目的，其实就是试探出他们是否拥有彼此合作的能力。因为这明显是一项需要两个人才能完成的任务。倘若新郎和新娘彼此间缺乏信任，那么就会让他们的工作相互抵消，最后完不成任务。而如果其中一人想要出风头，凡事都要自己亲自做成，另一个却完全无所事事，那么即使完成任务，也需要花费两倍甚至更多的时间。因此，他们既都要积极努力，又要同心协力，才能完成工作。这项风俗表明，当时的德国村民们，已经认识到了合作是婚姻的重要条件。

如果问到爱情和婚姻意味着什么，我会给出下面的定义，或许这定义并不完善：爱情，以及爱情在婚姻中获得的圆满，就是奉献给伴侣最亲密的爱，具体表现为两人在生理上相互吸引，在陪伴上相濡以沫，以及拥有共同生儿育女的愿望。爱情与婚姻体现出人类合作的精髓所在，因为它不仅是为两人各自的幸福而合作，更是为了全人类的幸福而合作。

爱情和婚姻的合作是为了构建人类的幸福，这个观点能够解答以下各种问题。因此，即便只是生理上的吸引，即所有人类冲动中最重要的一种，对于人类的发展也相当必要。正如我一直强调的，人类自身的弱点太多，在地球上生活，人类没有十分强健的体魄，那么怎能让人类生命得以延续？唯一的途径就是，依靠人类的生育力和生理吸引力，进行持续的刺激，从而来繁衍后代。

然而我们发现，当下的爱情和婚姻中存在各种问题和纷争。夫妻双方需要面对这类问题，父母也迫切关注他们，甚至整个社会都被卷入其中。那么，对于如何找到这些问题的正确答案，我们势必要采取一些客观公正的方式。我们需要抛开那些已知的信息，然后进行深入的调查，尽量不要被任何顾虑干扰，要在调查中进行完整而自由的讨论。

当然，我并没有说要将爱情和婚姻中的问题，当作完全孤立的问题来寻求解决方法。因为人类在这方面从来没有享受过自由，也就是说，建立在个人观点上的讨论，根本无法找到问题的答案。实际上，几乎所有人都被生活中的几根纽带绑在一起，然后固定在某种框架中艰难发展，人们的决定必须要符合这个框架。我们之前已经探讨过，这三根纽带产生的主要原因是：我们生活在这个宇宙中，具有某种特定的地位。第一，我们必须身处这个环境，而且要在环境的限制下谋求可能性的发展；第二，我们生活在整个人类群体之中，必须要学会调整自我，以适应整个群体的生活；第三，世上只存在两种性别，而我们群体的繁衍和发展有赖于两性关系的友好和谐。

如果一个人关心社会中的其他人，以及关心全人类的幸福，那么他所做的一切都以他人或集体的利益为目标。因此，当他面对爱情和婚姻问题时，就会充分考虑对方的利益。或许他们并没有意识到这么做，当被问及此事，他们也许根本无法确定自己的意图。但是他们会自然而然地为全人类谋求幸福，渴望全人类的进步，这样的心态将从他们的一切行动中体现出来。

而另外一群人则全然相反，他们对人类的幸福并不关心。在他们的人生观中，从来不会思考关于"我能为同类做出什么贡献""我如何才能成为集体的一员"类似这样的问题，他们总是在问："这样做对我有什么好处？其他人对我的关注够吗？他们感激我吗？"一个人若是对生活采取这种态度，那么在面对爱情和婚姻问题时，往往也会非常自私。他们只会问："我能从对方身上得到什么好处呢？"

爱情并不只是一种纯粹天生的本性机能，就像有的心理学家所说的那样。虽然性是人类的原始驱动力，是人类的一种本能，但是爱情和婚姻却不仅仅是这样的驱动力，不仅是为了满足原始欲望。因为不管从哪个方面看，我们都能够发现，人类的本能驱动力已经得到了较为充分的发展，而且经过教化和提炼。比如为了不触犯同类的利益，我们能压抑内心中一些欲望和倾向，并学会怎样避免彼此伤害。我们还学会让自己外表体面，穿戴整洁，纵然饥肠辘辘，也不会纯粹追求本能的欲求，为了寻求饱腹而不顾人的尊严。在吃食上，我们拥有较为精致的品位和餐饮礼节。我们早已将原始驱动力进行适宜的调整，为了适应社会的共同文化基础。从这些方面能看出来，我们为人类幸福和社会进步曾做出过不懈的努力。

如果从这个前提来讨论爱情和婚姻问题，我们会再次发现，婚姻中必定包含一些内容：集体的利益和全人类的利益。这也是婚姻最基本的价值，因此，只有将人类幸福作为一个整体来对待，认定每个人都是其中的一分子，那么才能解决婚姻中出现的问题。如果不是这样，我们无论如何讨论，如何剖析爱情和婚姻问题的各个方面，如何去补救或改变，甚至出台新的规章制度，都丝毫没有用处。只有我们充分考虑到一个事实，生活在这个地球上的人类是由两性构成的，唯有两性和谐合作，才能获得基本的生存。如果我们的解决方法能考虑到这些前提，那么其中所包含的真理就会永远不改变。

平等的伙伴关系

在研究过程中，关于爱情问题，我们的第一个发现就是，爱情是由两个不同个体共同完成的一项任务。对很多人来说，爱情是生命中一个全新的任务。因为人们早年的生存训练只教会他们如何自力更生，如何在团队和群体中努力工作，却没有训练如何跟异性一起工作。因此面对这样一个新的局面，必定会带来许多新问题，但如果男女双方都对同伴感兴趣，这个问题也就不是问题，因为他们更容易对彼此产生感情。

对于成功的爱情和婚姻来说，唯一的前提就是：两个人之间要进行充分的合作，两人都必须关心对方，甚至超过关心自己。认识到这一点之后，许多有关改善婚姻状况的错误方法就会逐一暴露出来。只有合作中的个体对异性的兴趣超过对自己的兴趣，婚姻关系才能实现两性平等。假如两人都能做到如此亲密，热爱对方，并愿意为对方做出奉献，那么就不会觉得自己被对方压制，更不会认为自己被婚姻埋没。也只有在双方都能保持这样的观点和态度之下，双方才有可能实现平等。每个人都应当尽其所能让对方的生活更轻松充实。因为只有这样，婚姻中的双方才会拥有安全感，才会感受到自己存在的价值，感受到自己是被需要的。在此，我们弄清楚了维系婚姻的基本保障，还有幸福婚姻的基本含义。即，对方让你觉得自己是有价值的，是不可替代的，你的伴侣需要你，而且你做得很出色，你不仅是一位好伴侣，也是一位好朋友。

在婚姻的合作中，一方不可能永远处于从属地位。一旦其中一方想要支配伴侣，并强迫伴侣服从，那么这两个人的生活就无法和谐，他们的婚姻必将出现问题。现在仍有很多男人，认为男性应当在社会中居统治和主宰地位，扮演领袖角色，男性是婚姻中的主人，女性要服从男性，甚至很多女人也是这样认为。然而，正是存在这种观念，现实中才有这么多失败的婚姻，而支配和强迫是婚姻不幸的根本原因。因为没有任何一个人能够在不带怒气和怨恨的情况下，去忍受在家庭中卑下的地位。我们已经知道，合作者之间应当平等，也只有平等，才能找到解决问题的途径。例如，夫妻应该在生儿育女的问题上达成一致看法。因为他们知道，如果不要孩子，就是不愿意延续人类的未来。而夫妻在子女教育上也能达成共识，并且在婚姻出现问题的时候，积极地去解决，因为他们很清楚，不幸的婚姻对孩子的成长很有害处。

一、婚前准备

当今社会中，几乎很少有人婚前做好充分的合作准备。在我们所接受的教育中，总是过度关注个人的成功，更多是教人如何从生活中索取，而并非奉献。因此，当两人结成夫妻，以亲密的关系走进婚姻生活的时候，合作中的任何一种失败，或者是不够关心对方，就会带来十分严重的后果。很多人都是第一次体验这种亲密关系，他们不习惯去替另一个人考虑，不关心另一个人的利益、目标、渴求、野心和希望。他们甚至没做好准备共同面对各种问题。在我们身边存在许多错误的婚姻关系，都可以以此来解释。因此，我们现在更应当重视这个问题，并且学习如何在将来避免出现错误。

二、婚姻生活方式、父母和婚姻态度

我们在面对成年生活中出现的种种危机时，往往采用的都是以往的经验，始终遵循自己原有的生活方式进行应对。为婚姻所做的准备是日积月累的，不可能在一夜之间完成。我们通过分析儿童的行为特征，以及他们的生活态度、思维和行动，可以研究得出结论，他们是如何自我训练来面对成年状态的。也就是说，人们会用什么样的态度对待爱情，其实早在五六岁时就已经定型了。

在儿童的初始发展阶段可以看到，他们已经形成了对爱情和婚姻的独特看法。我们不能以成人的认知武断地评价，说儿童的爱情感受是一种性冲动。因为这是儿童对日常社会生活中的某一层面做出自我判断，他们感觉自己也是社会中的一员，身边原本就有爱情和婚姻存在，所以他们开始根据这些来构建自己未来的爱情和婚姻概念。他们对这些感情因素有了一定的理解，并对这些问题产生自己的观点。

儿童在早期表现出对异性和择偶的兴趣时，千万不要斥责，认为这是错误或者胡闹，甚至是性早熟的表现，更不该因此嘲弄或对孩子开玩笑，而是应当认为他们已经在为爱情和婚姻做准备，并且迈出了第一步。因此，我们不应该对此置之不理，而是要认同他们的看法，将爱情视为奇妙的挑战之旅，必须要做好足够的准备，要

为全人类的未来而承担挑战。如此，我们就可以在儿童心中埋下一颗好种子，使他们在今后的人生中，顺利地与伴侣或朋友保持亲密的关系，并且更好地进行沟通。

现实中的父母，其婚姻不一定和谐幸福，但是孩子却自然而然地拥护一夫一妻制，这一现象令人深受启发。也就是说，假如父母的婚姻和谐融洽，孩子们可能准备得更好一些，因为儿童对于婚姻的初始印象就是来自父母。因此，我们可以看到，世上大多数在生活上失败的人，基本都是生长在破裂家庭或是不幸的家庭中，这就不足为怪了。如果连父母自身都无法合作，更遑论去培养孩子的合作意识。因而，要更深入地了解一个人，可以通过他是否在良好的家庭氛围中长大来看，以及观察他对父母和兄弟姐妹是什么态度。

还有一点值得我们注意的是，孩子对爱情和婚姻的知识到底从何处而来。在这一点上我们必须要谨慎小心。因为我们都知道，环境并不能决定一个人的人生，但是对所处环境的解读却至关重要。孩子对生活和爱情的解读可能会有积极作用，也许他感觉到父母的家庭生活并不幸福，这更会激励他们在自己的家庭中做得更好，他们也许会更努力地为自己的婚姻做好一切准备。因此，我们也不能片面地以过去不幸的家庭生活为依据，武断地认定或评价一个人到底适合不适合婚姻。

三、友谊和工作的重要性

社会兴趣可以通过友谊得到发展。我们在交友过程中能够学会以他人的眼睛去看，以他人的耳朵去听，并通过自己的心去感受。倘若孩子常常遭受打击，倘若他们始终被保护和看管，造成他们在孤独中长大，缺少朋友和伙伴，就无法培养他们认同他人的能力。他们很容易将自己看作世上最重要的一个人，并且迫不及待地只想保全自己的幸福。

另外，对培养友谊的训练也是婚姻的准备之一。在一系列以合作为目的的游戏中，既能够增加孩子对合作的认知，也能培养孩子的责任感。孩子的游戏容易存在竞争和争强好胜，那么创造出孩子们一起学习、一起钻研、一起做事的环境，却是不错的选择。另外，我认为跳舞的作用不可低估，舞蹈虽然是一种娱乐形式，但是它主要由两个人共同参与，并且是一种需要两人配合的行动。当然，我说的跳舞不是指那种极具表演成分的舞蹈，而是一种需要合作的共同行动的舞蹈。如果有这样一种适合儿童跳的舞蹈，简单而且容易学会，那么这对他们的成长十分有利。

四、性教育

我们不鼓励父母向孩子说明一些超出他们求知欲的性知识，因为孩子对婚姻的看法十分重要，一旦错误地处理了这一话题，他们很可能将婚姻视作危险，或是某种不愿接触的东西。根据我多年研究的经验，那些在生活中总是对爱情产生恐惧的人，往往都是在四五岁就了解到成人关系的真相，还有那些早熟的孩子，在他们看来，生理具有吸引力的同时，也意味着存在危险。但是假如孩子稍大一点才有初次的性知识和经验，就不会那样害怕，而这样的孩子在将来的两性关系中，犯错概率也比较小。

那么，当孩子对性知识充满好奇心的时候，最关键的一点是不要对孩子撒谎，更不要拒绝回答他们的问题，而是去试着理解他们为什么要提出问题，这背后有着什么样的动机，然后给他们讲解他们想要了解的内容，并且帮他们理解这类知识。对于回答问题，父母不必过于热心，也不要好为人师，过多地提供一些孩子无法理解的信息，这很可能造成巨大的伤害。这个问题和人生中其他的问题类似，应该让孩子独立面对挑战。父母要给予他们足够的信任，让他们能够想了解什么就问什么，这样就不会产生什么危害。

人们普遍认为同龄孩子对性知识的解释会误导儿童，但是玩伴间的悄悄话不会对孩子造成损害，尤其是接受过良好的合作培养和独立训练的孩子，从来不会在这方面遭受伤害。因为孩子并不会盲目听信同学所说的一切，他们大多数都有分辨能力。倘若对听来的信息没有把握，分辨不出真伪，他们也会选择去问自己的父母或是哥哥姐姐。不得不说，孩子面对这些问题时，往往比成人更加敏锐，也更加谨慎。

五、影响伴侣选择的因素

人类最初的性吸引，都是源于童年时得来的知识。童年时期在脑海中留下的那些喜爱和吸引自己的印象，还有周围异性给他们留下的印象，都将会成为在生理上吸引他们的源头。男孩儿一般会从自己母亲或姐妹，以及周围的女孩身上得到印象，并且会影响到他对未来对象的选择，如果早年生活中曾出现过有好感的异性，那么当他长大后选择对象，往往与之样貌相似。同时，某些艺术作品中的形象也会影响他的选择：几乎每个人都对自己心中理想的美貌甚为迷恋。由此可见，一个人成年后的人生中，在广义上不会拥有自由选择能力，因为他的成长经历严重影响了他的选择。

然而，这种所谓对于美的追求并非毫无意义，因为我们的审美观一般都源于人类对健康和进步的渴望。我们所有的本能和技能，都会把我们引向这个目标。我们无从逃避，我们都认为美的事物是一种永恒存在，是人类幸福未来的重要组成部分，这也如同我们对孩子未来发展方向的期待一样，我们对美的追逐，永不止息。

假设一个男孩儿与母亲相处得不好，或者一个女孩儿与父亲关系冷淡（如果婚姻中夫妻合作不融洽，这种状况就时有发生），那么日后，他们选择伴侣时，往往会找一个与母亲或父亲完全不同的人。假如男孩儿的母亲爱唠叨，又时常打骂他，那么男孩儿多半性格懦弱，害怕被人斥责吆喝，那么他就会倾向喜欢那些看起来不骄傲强势的女孩儿，或许从她身上才会感受到性吸引力。但其实这很容易犯错，因为他渴望选择愿意低头服从的异性，而我们早已经知道，婚姻的幸福是建立在双方平等的基础上，这样的选择显然不能带来幸福。又或者他会找一个看起来十分强大的伴侣，因为他心底可能喜欢力量，也可能他觉得对方能给自己提供挑战，击败对方就能证明自己的力量。倘若他与母亲间的矛盾很深，那么他对爱情和婚姻的准备必然受到不同程度的阻碍，甚至会让他在感受异性吸引力方面出现障碍，更有甚者，他可能完全排斥异性。

婚姻的承诺和责任

一个人只图自己的利益，这是最糟糕的，他就无法进行正常的婚前准备。一个人若是在这种观念的培养下长大，他一生就会始终盘算如何从生活中获得刺激或快乐。他们向往绝对的自由和解脱，从不考虑让伴侣的生活变得更轻松、充实。以这样的方式对待婚姻，绝对会引发灾难，这就如同从马尾的一端套上马辔，从一开始采取的手段就完全错了。

所以，如果要树立正确的爱情观，就不能找借口回避自己应当承担的责任。那种伴随着犹豫和怀疑的爱情，是无法蓬勃生长的。一桩真正的婚姻是要求实现终生的承诺，夫妻双方共同合作，其中包含着生儿育女，然后教育和培养孩子，尽全力让他们能够为社会做出贡献。我们养育未来一代的最佳方法，就是营造美满的婚姻，美满和谐始终都是婚姻生活的目标之一。婚姻从本质上来说，其实就是一项合作任务，拥有属于它自己的规律和法则。假如我们只关注其中的某一部分，而忽视其他部分，那么必然会损害婚姻中永恒的合作之道。

如果给自我责任设定一个时限，或是认为婚姻只是一场考验，那么就不可能在爱情中实现真正的亲密，双方也不可能以诚相待。在婚姻中，如果一个男人或女人始终为自己留后路，他们就不会全身心投入到责任中去。因为在其他重要的人生问题上，我们从来没有退路，也不会加上"脱身"的条款。我们不能给爱情设限，那些想寻找其他东西替代婚姻的人，他们的出发点或许是好的，并没有恶意，但是一开始就走错了路。因为他们所提议的一切替代形式，都是轻易退出婚姻，推卸责任的借口，在即将踏入婚姻门槛的时候，这样的态度将会损害伴侣的努力。

我知道，社会中存在许多困难，阻碍人们正确解决爱情和婚姻问题，有时让人力不从心。然而我认为，应该被废除的不是爱情和婚姻制度，而是一些社会问题。因为我们深知，在恋爱关系中，必须存在一些如下品质：忠心、诚实、信赖、毫无保留、摒弃私心，等等，这些在社会中同样需要。

一、常见的逃避方式

假如有人认为不忠是发生在一夜之间，那么显然这个人没有为婚姻做好准备。假如婚姻的双方对保留各自的"自由"没有异议，那么他们不可能达成真正的伴侣关系。在合作关系中，我们应当清楚，我们不可以随心所欲地改变方向，需要承诺全身心地投身合作。否则对婚姻成功和人类幸福毫无意义，且对双方都有害。例如，曾经有两个都离过婚的男女他们走到了一起，且他们都是受过良好教育的人，也都期望他们的新婚姻可以比之前成功。但是他们都不知道自己的第一次婚姻失败的原因，他们有追求更好的婚姻关系的诉求，却没意识到自身的问题，即对社会兴趣的缺乏。他们都认为自己是自由主义者，想要一种让双方不会彼此厌倦的现代的婚姻。因此他们协议，两人在各方面都能够享有充分的自由。他们可以随心所欲，不过要做到彼此信任，向对方坦白发生的一切。

之后，在这一点上，丈夫的表现尤为积极。每当回到家时，他总是兴致勃勃地将自己精彩纷呈的经历告诉妻子，而妻子看似也十分乐意倾听，并为她丈夫的成功骄傲。于是她也想要开始一段自己一直追求的暧昧或是外遇，但当她刚踏出第一步时，她就患上了广场恐惧症。从此，她无法再独自出门，被所谓的心理疾病困在家中，每当她踏出家门一步，就会害怕得立刻转身回家。其实广场恐惧症是她对自己做出一种保护的决定。但事情远没有结束，到了后来，由于她无法独自出门，她的丈夫也只能被迫留在她身边。从而我们可以清楚地看出婚姻的逻辑，是如何破坏他们的协议的。妻子的所谓自由毫无用处，因为她害怕单独出门。而丈夫也无法再当自由主义者，因为他必须待在妻子身边。倘若要治好这位女性，就需要让她对婚姻有更为正确的理解，而她的丈夫要有将婚姻看成一种合作的伴侣关系的准备。

有的错误是开始于婚姻的起始阶段的。例如，被娇惯的孩子，他们时常在婚姻中觉得没有受到足够的重视。因为他们没有接受过正确的适应社会需要的训练，因此在婚姻中，他们往往会变身为暴君，而婚姻的另一半就会有身陷樊笼的窒息感，产生抵抗情绪。如果两个被宠坏的孩子结合，那么局面肯定会相当有意思，因为双方都希望成为兴趣和关注的中心，但谁也不能如愿。接下来，他们便会想办法脱身，一方可能会开始寻找外遇，以此来获得更多关注。

还有的人无法只爱一个人，他们需要同时爱着两个人。因为只有那样才能让他们感到自由，让他们自由地从一个身边逃到另一个身边去，并且完全不用承担爱情里完整的责任。看似两个都爱，其实谁都不爱。

还有的人过于沉浸在自己构思出一段理想、浪漫而又遥不可及的爱情，并且难以自拔，分不清现实和理想，不愿意去寻觅现实中的伴侣。虽然浪漫的梦中情人可以有效地提供选择方向，但是一般都没有真实的情人能够与之相比的。

一些男女在成长过程中厌恶自己的性角色，并且产生抗拒。他们会不断地压抑自己的本能需求，如果不及时治疗的话，可能在生理上的婚姻也无法成功。我们将此称为"男性钦羡"，它源于我们的文化对于男性过度捧高。如果让孩子怀疑自己的性角色，就会产生不安全的感受。只要男性角色一直占据主导地位，那么无论男孩儿女孩儿，都会不自觉地产生所谓的"男性钦羡"。他们往往会对自己产生怀疑，担忧是否有能力扮演好这一角色，有的会过于看重男人气概，甚至会想尽一切办法躲避对男子汉的考验。

由于文化的原因，使得生活中产生许多对自己的性角色难以认同的人。或许大部分男性阳痿或女性性冷淡的根源都在于此。这些病症就是患者通过生理抗拒来表达对爱情和婚姻的排斥。如果不能坚持男女平等，这些问题就难以解决。因为一种性别占了人口的一半人数，他们如果对自己的地位感到不满，最终会对婚姻造成巨大阻碍，也不可能有美满的婚姻。因此，我们应当训练孩子的平等意识，让孩子不会对自己未来的性角色产生怀疑。

我始终认为，如果婚前没有性关系，爱情和婚姻会更加专注，热烈的程度可以达到水乳交融。通过对人类群体的观察，我发现大多数的男人，在私底下都不希望自己的爱人结婚时不是处女，如果真是这样，他们就会将此事视为水性杨花的标志，并表现得十分震惊，不愿意接受这样的事实。因此在我们的文化中，如果存在婚前性关系，女性将要承受更大的情感压力。

如果一个人出于恐惧而不是勇气结了婚，这同样是严重的错误。我们能够理解，勇气是合作的重要部分，如果一对男女因为恐惧不得不与对方结婚，那就意味着他们不打算真心合作。同理，找一个酒鬼结婚，或是社会地位或教育程度差距过大的人结婚，也是不合适的。事实上，这些人害怕爱情和婚姻，他们只想构建一种让伴侣仰视自己的婚姻关系。

二、恋爱

一个人用什么样的方式接触异性，能看出他是否拥有勇气，以及他合作的能力是高是低。每一个人都用自己独有的方式接触异性，人们在恋爱中的行为和气质也各有不同，但这些个性始终离不开他们的生活方式。从恋爱时的行为可以看出，他们是否愿意对人类延续说"是"，是否充满自信，乐于合作，是否自负自傲，以自我为中心，是否懦弱胆怯，是否总问"我给对方留下什么印象？对方会怎么看我？"是否用这些问题折磨自己。男人接近女人时，有的缓慢而小心翼翼，有的冲动而出人意料，不管是哪一种情况，恋爱行为都是由一个人的目标和生活方式构成的，也是另一种表达方式。我们不能全然凭一个男人恋爱时的态度判断他是否适合婚姻，因为这时他的目的很明确，他可能表达出愿意在婚姻中合作，但在其他事情上却犹豫不决。不管怎样，恋爱行为的确在某种程度上透露出这个人的个性。

在我们的人类文化中（也只有在这种背景下），通常希望由男性首先表达恋爱的兴趣，在爱情中他应该迈出第一步。所以，只要这种习惯存在，就有必要训练男孩子以男子汉的态度采取主动，不要犹豫，也不要寻路而逃。然而，想让男孩子接受训练，培养出主动的恋爱态度，只有让他们感到自己是整个社会的一员，并接受社会的所有优点和缺点时，才有可能办到。当然，女孩子和成年女性是恋爱中的另一半，她们也可以采取主动，但在西方文化占优势的环境下，她们或许不得不表现得更加保守，只能通过外貌、衣着、行动，以及观察、说话、倾听的方式来表现自己的喜好。因此可以说，男性在恋爱中的表现方式更简洁、更表面化，而女性的表现方式则更深邃复杂。

美满婚姻的建构

一、婚姻的生理

婚姻之中，夫妻双方对对方的性吸引力是必不可少的，但是我们始终都该将它限定在为全人类做贡献的范围内。真正的伴侣，在对彼此感兴趣的基础上是肯定不会缺乏性吸引力的，因为只要问题出现，就说明缺乏相互吸引的兴趣，那么这个人对自己的伴侣也不再产生平等、友好的感觉，更不可能携手合作。那么，我们常常听到有的夫妻说，他们彼此之间还有关心，只是生理上的吸引弱化了而已。然而，这并不是事实。人的嘴巴会说话，内心甚至也会选择有利的记忆来蒙骗自己，但是我们的身体是诚实的，它会将真相毫不避讳地表现出来。也就是说，夫妻双方如果对彼此的性吸引力不再感兴趣，最根本的原因就是他们在婚姻生活中没有达到真正的和谐。至少，是其中的一方不想面对爱情婚姻中的责任，产生了企图另寻他路的想法。

与地球上其他的动物不同，人类的性驱动力是可持续的。而正是这一特征保证了人类能够繁衍壮大，并以此来确保全人类的幸福和繁衍生息。当然，大自然也有其他保证其他动物繁衍生息的方式。例如，我们会发现有的容易死亡的动物，他们的繁殖能力往往很强，如鱼类，有的雌性一次可以产下几十甚至上百颗鱼卵。与此同时，大量的卵子会在之后被损坏或被毁掉，但是还是会有一定的数量能够保证种族的繁衍。

生儿育女是一种人类确保自己的生命能够延续的方式。因此，我们常常能看到，在面对爱情和婚姻问题时，最想要孩子的人都是发自内心地关心着人类的幸福，而那些缺乏对同类的兴趣的人，或只关注自己的人，他们往往拒绝为全人类承担繁衍后代的责任。他们只在乎自己，不喜欢孩子，面对需要全心付出和只会索取的孩子，他们将其视为负担和麻烦，认为孩子会过度地占据本属于他们自己的时间和事物。众所周知，婚姻是抚养人类下一代的最佳方式，生儿育女也是解决爱情和婚姻必不可少的解决方案，因此，生儿育女始终都应当是婚姻的重要组成部分。

二、一夫一妻制、努力经营和现实主义

在我们的社会生活事务中，被我们所一致认同的，最佳的解决爱情和婚姻问题的方案，就是一夫一妻制。因为每个人都希望能够拥有一段彼此全心全意的亲密关系，互相牵挂和付出，而一夫一妻制则是最佳状态，一旦打破这个平衡，在爱情和婚姻中，两人的付出不对等，那么比较会造成这段关系的不平等，最后必然会导致婚姻关系破裂。

很遗憾的是，我们无法完全避免事情发生，但如果将婚姻和爱情看作必须面对的社会功能，看作一项合作完成的任务，或许就能更好地避免出现遗憾。

婚姻破裂通常是由于伴侣间的合作没有尽力，两人没有一起努力，让婚姻走向最后的成功。如果两人只是等着天上掉馅儿饼，用这样的态度面对婚姻问题，失败就不可避免。同时，将爱情和婚姻视为生活的理想状态，或是一个美好故事的幸福结局，这也是一种错误。两个人结合的时候，即将开启婚姻关系中的种种可能性。在婚姻中，他们都将要面对生活的责任，还要为社会发展创造出新的机会。

在我们的文化中，有一个明显的观点，就是将婚姻看作生活的结束，看作是爱情的终点。例如，我们所熟知的爱情故事，在千万部爱情小说中，几乎都是以男女主人公结婚为结局。但是我们要知道，婚姻才是真正生活的开始，因为两人必须要在一起过日子，终身进行合作，直到这份关系破裂或天荒地老。所以，那些风花雪月的浪漫爱情所描绘的，看起来是将婚姻作为解决困难的最佳方案，好像两人结婚之后就过上幸福美满的生活。但是，我们需要认识到一个重要事实，就是爱情本身无法解决问题。因为爱情的形式千变万化，没有定式，但婚姻则是依靠努力和关心，相互合作，不断地共同面对婚姻当中的问题。

婚姻关系不会有人们所说的奇迹。正如我们所见，每个人对待婚姻的态度，其实就是他们对待生活的态度。因此，通过一个人对婚姻态度的了解，我们可以看出他的为人处世。例如，我们看到许多人总是想要摆脱婚姻，或者不愿意承担婚姻的责任，甚至恐惧婚姻，我们可以准确地分析出什么样的人有这种心态。其实这一类人通常都是被家里宠坏的孩子，他们可能对社会造成威胁，甚至他们的生活方式仍停留在四五岁的阶段。

"我能获得想要的一切吗？"不管什么情况下，他们都这样问。如果他们得不到，就会认为生活毫无意义。他们说："不能得到我想要的，生活还有什么意思？"因而变得悲观厌世，甚至生出一种"求死愿望"。他们故意让自己生病，变得十分神经质，然后从自己错误的生活方式中建构一整套理论。他们认为，自己的主张意义重大，前无古人，后无来者，却不知道这些主张根本是错误的。同时，他们觉得有人压抑了自己的原始驱动力和情感，所以应该表达憎恶和愤怒，这就是他们被培养长大的方式。或者在童年时代，他们曾经生活在一个黄金时代，想要什么就能得到什么。他们中有些人仍然认为，如果自己哭声足够大，抗议得足够激烈，并且拒绝去合作，就能再次得到自己想要的一切。他们从不将生活和社会看成一个整体，只会关心自己的利益。

在面对婚姻的时候，有的人总是不想付出任何东西，却又总是希望他人能毫无保留地给予他们。在他们眼里，婚姻更多的是一场"交易"，他们只是想要一种协议式的伙伴婚姻，他们只是想通过这样的婚姻，对婚姻进行婚姻试验、性婚姻和离婚的程序。也就是说，从一开始他们就想要自由，觉得可以随时随地对婚姻不忠。然而，一个人如果真正关爱对方，便会表现出关心的一切特质：可靠而且忠诚，有责任感，而且是一位真正的朋友。一个人的婚姻和爱情如果不能做到这些，就意味着他在人生的第三大问题上必将遭遇失败。

另外还有一点，是我们值得注意的，就是婚姻对儿童幸福的影响。我们上文提到过，如果婚姻出现问题，孩子的成长也会存在巨大困难。假设孩子的父母毫不珍惜婚姻，总在争吵，持有消极的态度，不思考解决婚姻问题的办法，而是消极地认为婚姻无法延续，那么在这个孩子的性格塑造上，会产生难以逆转的负面影响，这对孩子的社会性的塑造十分不利。

三、解决婚姻问题

那些认为自己不能和他人生活在一起，而在婚姻中分居的人，该如何评价呢？那些自己也不了解婚姻是一项责任的人，只对自己的生活感兴趣的人，能让他们评判这些问题吗？他们对结婚和离婚的态度没什么不同，他们只会说："怎样才能从婚姻中脱身呢？"

谁也没资格评判他人。我们发现，那些总是离婚又再结婚的人也都犯了类似的错误。那么评判权又该交给谁？请大家想象一下，假设婚姻出现问题后，交由心理医生来进行评判，判定婚姻双方应当离婚吗？然而，我们会发现，这也存在很严重的问题，我不知道在美国是否如此，但是在欧洲，大多数心理医生思考的出发点都是个人利益重于一切。如果一个人的婚姻陷入困境而去询求心理医生的帮助，他们很可能会建议患者去找情人，并认为可以通过这种方式来让求助者自己决定是否有持续婚姻的必要。但是这些医生忽视了一个重要的问题，就是婚姻不仅是两个人的事情，而且跟社会生活存在千丝万缕的关系。如果不能将爱情和婚姻问题看作一个整体，那么给予的解决方案注定是错误的，不适用的。我希望人们能将婚姻放在社会的大背景下，进行综合性的考虑。

而那些把婚姻当作解决个人问题的一种方案的人，更是错上加错。我不清楚美国的情况如何，但是据我所知，在欧洲，若是一个男孩或女孩患了神经性官能症，心理医生给出的建议很大一部分是建议他们去找情人，或者去发展性关系。心理医生给成人的建议也如此，这些人将爱情和婚姻贬低为一剂治疗精神疾病的特效药，但是那些"服药"的病人注定不会痊愈。

想要正确解决爱情和婚姻问题，就需要最大限度地建构完整人格，其中最有价值的是，能够体验到人生幸福，并且能实现有价值的人生角色。我们不能将这些视为游戏，也不能把爱情和婚姻当作药物，去治疗犯罪分子、酒鬼和神经症病人。神经官能症患者需要经过一系列妥善的治疗，才能去适合恋爱和婚姻，如果不能正确行事，就贸然地跟人恋爱、结婚，那么必定会遭遇新的危险和不幸。总的来说，婚姻是一种高度的理想，寻找婚姻问题的解决方案，需要我们付出更多努力和创造性的行动，唯有这样，才能挑起这样负荷的重担。

还有的人之所以步入婚姻的殿堂，一开始就是怀揣着其他目的的。有的人因为经济保障而结婚，有的人为了找个保姆而结婚，有的人因为同情而结婚。但是，他们的这些目的却没有一个是与婚姻的实质相符合的，甚至有人说为了磨炼自己才结婚，这大概是个在学习工作中遇到障碍的年轻人，觉得自己可能会失败，于是给自己找了一个借口，而他竟然将婚姻作为推卸责任的借口。

四、婚姻和男女平等

我们不应该对爱情问题低估或淡化。相反，我认为，需要把它摆在更重要的位置上。我听说过，大多数破裂的婚姻关系中，最后承受巨大伤害的总是女性。不可否认，在我们的文化中，男性生活得比女性更轻松愉悦。这是因为整个社会对婚姻错误的认识所导致的结果。要知道，一个人的抗争根本无法解决这个问题，尤其在婚姻问题上，个人的反抗不仅影响双方关系，还会损害双方的利益。而要改变婚姻状况，最好的办法就是婚姻双方尽可能做到平等。曾经我有一位学生，底特律的拉塞教授。她做过一项调查显示，42%的女孩儿想要当男孩儿。这就意味着将近一半的女性对自己的性别不满，甚至心灰意懒。而这种情况就是因为在我们的文化中，男女不平等。可以想象一下，这样多的女性心灰意懒，如何能解决婚姻中出现的问题呢？而当这些女性面对那些自以为是的男人，他们总是把女人当成性对象，或者见异思迁，把对妻子不忠当作男人的天性，那么婚姻的这些问题更无法轻而易举地解决。

在我们以上的所有讨论中，我们可以得出一个十分简单明了且有用的结论：不管是一夫多妻制，还是一夫一妻制都不是人类的天性。但是我们共同生活的星球上，虽然要人人平等，但人类还是分为男女两种性别。我们知道，所有人面前都有人生中的三大问题，以上的陈述让我们看到，人们在爱情婚姻中如果想达到最圆满高级的程度，一夫一妻制是我们能够选择的最佳方式。

第六章

性格决定命运

性格的实质及源头

这里的性格指在极力与外界适应的过程中，个人所表现出的一种风格。作为社会的概念，性格只是存在于个人和他的处境还有对彼此的作用当中。如果要问鲁滨孙·克鲁索这种人的性格到底是什么样的，基本上可以说是毫无意义的。作为一种心灵的现象和态度，性格是人和自己的处境产生联系时，所展现出的秉性与内涵。作为一种日常的行为方式，性格同时是个人吸收社会感、追求优越感的依据。

人生奋斗的终极目标，就是占有优势、拥有权力，并超越其他的人。在这个目标的指导下，一个人不断地努力，向前进步，这些都是大家早已熟知的。每个人的世界观与行为方式都由这个目标决定，人的各种心理活动也由这种目标组成体系，具有独一无二的特征。我们对个人性格进行了解之后，大致明白了用什么态度对待自身的处境、伙伴、社会和生存的挑战，因为每个人的生活方式和行为方式都从性格上体现出来。性格在人格中几乎等同于生活技能，人们为了得到认可，在社会中占据有利地位，大多数的人格会将性格当成工具和手段进行利用。

性格与生存模式存在着相似之处，并不是像很多人所想象的那样，这些东西来源于遗传和天授神赐。每个人会因生活模式的不同获得自己独特的人格，无论是哪种状况，都能够继续地生活，并且没有什么担心可言。性格是在维持某一种特殊生存习惯的同时逐渐形成的，跟遗传、神赐无关。比如懒惰的孩子，并不是生来就是懒惰的，只是因为懒惰能够让他有优越感，让他更轻松地生活。总的来说，在一定程度上，懒惰是孩子追逐权力的态度和方法。又比如有的人喜欢当众展现自己的先天缺陷，因为他的意思是："我本来可以依靠才能取得成就，然而却被这种缺点所阻挠，真的很遗憾！"显然，他们觉得可以用这种办法保全自己的颜面，即便失败也不丢脸。还有一种人极其渴望权力，所以也就从来没有停止对抗自己的处境，同时在争夺权力的过程中，形成了诸如怀疑、嫉妒、野心等一系列特异的性格。从这些性格特征来看，它既不是遗传，也不是无法改变的，这些跟人格没有区别。专业研究证明，性格特征是在行为模式的基础上建立起来的，一个人出生后，部分性格特征的确立是由内部隐藏的目标诱惑所产生的，这是一种次生元素，而不是原生元素。因此，先了解引诱性格特征所产生的目标，接下来才能确定其性格特征。

综上所述，我们已经证实了每个人的生活方式、行动目标和世界观之间的紧密联系。人不能在没有明确目标的情况下展开行动。一个人出生之后，隐藏在心底的目标就为心灵发展做出一些指导，同时为生命赋予一种特别的模式与类型。无论是谁都能成为独立思考的个体，可以跟其他个体进行区分，也正是因为个体生命的活动包含了特别的目标。这种认知能够让人明白，对个体目标与行为方式的认知，往往可以帮助我们了解他人隐藏的行为究竟有何深意。

在真实生活中，想要找到充分的依据，证明性格来自遗传，是具有一定难度的。因此，遗传对心灵与性格特征的表现只能产生极少的影响。但经过对个人心灵活动源头的调查，表明性格似乎真的来自世代的传承。然而实际情况是，同一个国家或种族，可以形成某些相同的性格特征，那是因为成员对彼此的模仿与认可。在人们的心理与心灵中，的确存在一些这样的事实，以及特征、表象或形式。这些事物对孩子成长的意义重大，因为这些共同特征能刺激人类的模仿机能。例如，有的时候，两人对视，眼神中的渴望表现出某种求知欲，也许就能刺激有视力缺陷的孩子，对此产生兴趣。但由于不同的孩子拥有不同的行为方式，所以即使有相同的求知欲，却可能表现出迥异的性格特征。所以有视力缺陷的孩子并不是都能拥有上述的性格特征，即追求真理、观察细致，或者存在异常呆板的性格，这对视力障碍的孩子来说，都是有可能的。

听力障碍的孩子产生不信赖态度，也能以相同的方式来剖析，通常来说，在社会生活当中，他们会比普通人遭遇更多的危险，为了发现并找出这些危险，他们会让自己的感官变得十分敏锐。还有，时常被当成残疾人，受到他人的歧视、讥讽，也是这些孩子出现不信任态度的主要来源。所以也就很好理解，为什么对于很多人生乐趣，他们都抱着仇视态度，因为自身的缺陷导致他们无法享受这些快乐。同时，孩子一生下来就有这种不信任态度，这样的观点是站不住脚的，而相同的道理，犯罪性格也不是来自天生。有人坚称犯罪性格是天生或者遗传的，因为有的家庭就是这样，许多名成员都是罪犯，然而这种观点也是荒谬的。在这样的家庭中，人们对世界抱有错误的认识，这种观念确立了家族传统，让孩子自幼耳濡目染，甚至将盗窃这类犯罪行为当作谋生方式，这种原因才是理所当然的，才是事情的真相。

同样的情况还有对认同感与优越感的追逐。孩子在成长期间都会遭遇数不尽的难题，所以大多数孩子都渴望获得优越感。不同的人采取的方式不同，在这些问题上，孩子们都有独特的方法。而身边具有重要影响、被大家敬重的人，是孩子追逐优越感期间的最佳范例。这样一来，便可以轻松地解释为什么孩子跟父母性格相近。在孩子学习追逐权力的期间，他们会向前人学习，并将处理各种事务的方式世代传承下去。

社会不容许公开展现追逐优越感，这是一个秘密目标，应在暗中躲在仁慈的面具之后，偷偷摸摸地追逐优越感。但要再次强调一下：如果人们能加深彼此的了解，就不会出现如今这样狂热地追逐优越感的现象；如果每个人都能深入地了解他人性格，也就能更好地保护自己，同时让其他人感觉到，追逐权力毫无用处，由此减缓其对权力的追逐。换句话说，以上的做法一定能消除人类心底对权力的渴望。所以要取得良好效果，只需要对人们的各种表现、人与世界的各种关系进行深入研究，并对已经得出的理论进行有效运用。

我们所处的人文环境相对复杂，同时也导致只能靠学校教育，个体很难从容自如地解决各种问题。客观来说，学校教育是心灵与智慧训练提升的最好途径，这是毫无疑问的，因为普通人如果依靠自己做到这些，具有一定的难度。但学校目前只有一项用处，只把刻板的知识教给学生，并没有重视培养学生的学习兴趣，他们愿意学习什么，就学习什么。就算真有理想的学校存在，但人类的数量如此庞大，跟这个数量相比，二者还相去甚远。另外还有一点被人们忽视了：什么是了解人性的前提条件。我们在以往的学校中学会用某种标准评判人，明辨善与恶、对与错，然而并没有学会如何调节、纠正自身。每个人的人生都有缺陷，而且这些是无法避免的，由缺陷造成的糟糕影响一直都存在。

我们几乎把童年产生的偏见与错误当成了一种固定规则，神圣不可违背，长大后同样还在应用。我们已经被复杂的文化干扰围困，那些心目中能把真相揭露出来的想法，实际却无法表露出来，这是我们至今也无法感知到的。总而言之，我们只是为了维持自尊，增加权力，才会不停地对一切事物做出解释。

社会感在性格发展中发挥的重要作用

除了追逐权力和优越感之外，社会感是对性格发展起重要作用的另一元素。社会感和优越感类似，在人类最初的心灵活动中便得以体现。有一种表现很明显，就是小孩儿一般都愿意跟他人共处，并渴望从对方那里获得温暖。回忆一下上文中提及的关于社会感发展的条件，一个人的自卑感，以及他对权力的争夺（为了弥补自卑感），都会作用在社会感之上。人们很容易产生各种的自卑情结，而这种自卑感在人类心里产生之后，非常渴望进行弥补，从而出现追求安全和全备的欲望，人们就会为了成就人生的安适和幸福而对这一目标采取行动。在教育孩子的过程中，以照顾孩子的自卑感为前提，制定了许多行为规范，总体上可以归纳为一条原则：给孩子创造机会，要让他感到生活的快乐，避免让孩子对残酷的生活有过深的体验，或过早接触生活中的黑暗面。但一个家庭必须要具备一定的经济实力，才有可能做到这一点。在一般情况下，孩子的成长环境都是很残酷的，其实这种残酷是不必要的，孩子无须遭遇贫困、误解、缺乏等情况。先天生理的缺陷本来就会导致异常的生活习惯，同时让孩子觉得，自己存活在世上，无法缺少特殊的对待与庇护，所以在这里，生理缺陷会对社会感产生极大的作用。但是退一步讲，就算有先天缺陷的孩子满足了一切需求，他们仍然感觉生活艰辛，很容易对生活产生厌恶，这也是无法避免的，他们的社会感也会因此而歪曲，处境就变得更加艰难。

个人社会感是正确评判一个人价值的依据，也是正确评判他的思想与行动的依据。每个人都应该坚决维护这种思想，其原因是：在当今社会中，所有人都跟社会存在联系。因此我们很清楚，对于我们来说，不管他是谁，都应该在某种意义上承担一定的义务和责任。因此当我们评判个人价值时，要依照大众公认的标准，这是因为我们身处在社会中，环境被社会生活规律所掌控。

我们往往把个人的社会感发展程度视为判断价值的唯一适用准则。人们对社会有依赖感，这一点毫无疑问，因为没有人能彻底地摆脱社会感。无论什么时候，社会感都在提醒我们，应对自己的同伴负责，无论出于什么原因，都不能完全忘记这件事。这当然不是说人在任何时候都不能摆脱社会感，尤其是在意识上。不过，每一个社会感扭曲或者渴望彻底放弃社会感的人，都会遭遇很多的困难。因为想做到这一点，需要巨大的驱动力。况且社会感无所不在，同时人们必须借助社会感为自己的行动做出合理性的证明，然后才能采取实际的行动。只有证明自己所做的事情，以及观念都是正确的，才能符合社会感中的要求，而这些要求都是隐藏在无意识之下的。这至少表明，所有人都会给自己的行为找一个合理理由，并想尽一切办法去证明这个理由。人们为了让自身的社会感得到满足，或者是利用最少的社会关系来麻痹自己和其他人，就在生活、思想和行动中发明出许多特殊方法。总结上述内容，我们可以了解到，有些东西类似社会感，但实际上却不是社会感，那么大众身上存在着某些不明显的倾向，好像被面纱遮掩了一样。如果要正确评价某人的某种行为，只需要对某人身上的这些倾向进行了解，弄明白就可以。对于社会感的评价，就因为存在这种具有欺骗性的假象，因而判断变得越发困难。尤其在对人性的研究中，之所以要小心翼翼地做出证明，并借助科学的方法，恰恰就是因为存在这些困难。我们为了更好地阐释社会感扭曲的过程，下面举几个案例说明。

一个年轻人说，有一次他跟几个伙伴去海里游泳，到一座岛上暂时停留。一个同伴靠在悬崖边缘，不小心坠入了海中。这时年轻人的身体刚好向前倾，目睹伙伴下坠的全过程，他心中感到十分好奇。后来每想起这件事，他觉得自己当时并不是好奇才会袖手旁观。幸好坠入海里的人最终得以获救，然而能够确定的是，这个讲故事的年轻人，他身上的社会感一定很弱。据说他从来没有主动伤害过别人，并一直跟伙伴维持友好的关系，但如果单凭这些就说他拥有强烈的社会感，人们是无法相信的，因为我们不会轻易被蒙骗。但是我们还需要了解更多真相，要为这些假设寻找更深层次的证明。

这位年轻人经常做的一个梦是这样的：他被禁锢在一座木房里，房子处在森林中，非常漂亮，但远离人类社会。他平时在画画时，很喜欢以这个梦中场景为素材。正是他的这个梦，可以为他缺乏社会感提供新的证据。如果想清楚了解这个人非常容易，只需要明白梦中意象代表了什么含义，还有他的成长过程如何，那就可以了。对此，我们完全可以不牵涉道德评判，认定这个年轻人的社会感发展得不够充分，因为他的发展方向受到一些阻碍，这在未来一定会给他带来大麻烦。对他来说，这种评语是恰如其分的。

还有一件有趣的事情，能为真假社会感的核心差异做出详细的阐释。有个老太太上公交车时滑倒在雪地上，无法站起身来，来往行人好像没看到一样，继续匆忙赶路。过后有个男人过来把她扶了起来，旁边的一个人马上出来跟他说："真是太好了！我等着看谁愿意扶起老人，过了五分钟，总算出现一个好心人，那就是你！"在这里我们可以看见，有一类人是打着社会感的旗号做事，靠着立马能被识破的把戏，把自己当成了无上的法官，来判断别人的对与错。对于自己来说，他却从未打算帮忙，只是袖手旁观而已。

另外，还有一些例子难以判定它的社会感是强是弱，因为真假社会感的情况相对比较复杂。要搞清楚真相的话，只有一种方法，就是认真观察，进行分析。例如，有这样一种情况发生，在战场上，将军明知不可能获胜，却还要让大批士兵冲杀上去，为此付出生命。将军自然以维护国家利益作为行动依据，同时他的所谓社会感还能得到很多人的认同。可无论他为自己辩解罗列多少理由，像这样的人，始终都无法成为我们眼中良好的合作对象。

我们需要站在一个更为广泛的视角高度，对那些难以判定的状况做出正确判断。这个角度一定是符合社会利益和民众幸福的，这也降低了判断特殊情况的难度。

　　每个人一生的举止行为，尤其是他们对待别人的方式，比如怎样握手，怎样交谈，这些外在的表现都可以体现他的社会感是强是弱。借助同样的方式，个体的人格能够得以展现，同时也给人留下了深刻记忆。我们要了解一个人是怎样的人，通常只对他的举止进行判断，以此作为依据就足够了。依靠对个人外表举止的感觉做判断，然后得出结论，会成为我们研究这个人的关键性因素。所以，在这里进行的所有探讨，全都是为了预先做好铺垫。也就是说，在人的意识领域内，研究者将直觉引入，进而检验、评估这些直觉。如果想减少错误的偏见对我们的影响，就必须要从无意识转向有意识，这也是研究的核心价值所在（在无意识中，我们无法控制自身行动，也没有机会纠正自己，所以错误的观念一定会在我们无意识的情况下做出选择，并在这个过程中不断恶化）。

　　再度强调一下，我们务必对一个人的成长过程与生活环境有所了解，这样才能做到公平地评定其性格。如果曲解某个人的片段人生现象，并以此来当成判断的唯一依据，那么得出的结论一定是错误的，例如，只用他的健康状况、生活处境或文化水平作为判断依据，这些依据是不全面的。

　　我们在这里所讨论的事情，能为人类肩负起一部分的担子，因此这些研究具有极高的价值。而人们对自身进行更深入的了解，并掌握某方面的生活技巧，同样也能指导人们建立起某种行为方式，让其符合本身的需求。这种方法对个人来说，尤其是对儿童而言，影响甚为巨大，可以使儿童的发展更加顺利，并帮他们摆脱浑浑噩噩的命运，这种命运也许让他们无法承受，以至于走向毁灭。一个人如果了解这里研究的内容，并进行正确的运用，他就不会终生抱怨，也不会因为出身悲惨，有遗传缺陷，或者生活在糟糕的环境中，而无法摆脱痛苦的折磨。这样一来，人类文明也会成功迈出关键的一步，新生代也会获得勇气，主动寻求自我成长，并且明白，自己的命运要靠自己掌控。

性格发展的方向

人的个体性格的主要特征与童年阶段的内心发展方向是一致的，事实的情况必然是这样的。这种发展不管朝着笔直还是迂回的方向，都是有可能的。当儿童开始为目标努力奋斗时，他们所遵循的道路都是笔直的，同时会在这段时间内培养出勇敢上进的性格。儿童在成长的最初阶段，性格特征通常是直线特征，十分积极向上。但在成长的过程中，他们必然要面临种种难以克服的困难，这些困难很有可能成为孩子追求优越感的障碍，并对他们发起猛烈的进攻，因此使得上述的发展直线出现扭曲状况。所以，为了克服这些障碍，孩子会极力采取曲线救国的做法，这种方式同时也决定了他的性格。

一个器官发育欠佳，遭到身边环境排挤与进攻的孩子，他的性格在发展期间遭遇的所有阻碍，都会对他产生相似的作用。同样，对于个人性格发展产生极大影响的，还有社会整体环境、社会风尚，以及教育者等元素。通常来说，一位老师给学生提出不同的要求和问题，或者向学生表达自己的关切之情，这些做法都对学生性格的发展起到了作用，因为这些教育方式中包含着人类文明赋予每个人的责任。所有教育方法都是为了让学生在现代社会生活中完善自己，并与文化的基本发展方向保持一致，因为这样，教师才将精心准备好的教育原则与态度传给学生。

性格的直线发展受到成长期间所有阻碍的威胁，如果说孩子追求权力的目标是一条直线，那么它会因为任何一种困难发生改变，偏离直线轨迹，只是偏离的程度不一样。对于孩子来说，他们经常会在最开始的时候坦然面对困难，态度端正，不会因困难而发生改变。但他很快会扭转观念，变成和原来不同的样子。比如他知道火对人造成伤害，所以一定要防火，或者他有一个敌人，就懂得一定要谨慎应对敌人。他会在以后的人生道路上完全走上曲折的心理发展方向，用智谋和心计代替坦诚直率，以渴望获得认同，并得到权力。这种偏离的程度如何，跟他这个人的总体发展有关。上面的各类元素结合起来判断，可以分析出他是不是过于谨慎小心，分析自己所有的做法是否符合生活的要求。他失去了直视人生使命与困难问题的勇气，他变得胆怯懦弱，以至于无法跟他人直接对视，或者不愿意说出实话，这样的孩子本身已经完全转变了，再也无法回到最初的勇敢状态。

但是，就算拥有不同工作的两个人，也可能有同一个目标，孩子跟勇士其实有着同样的目标。从某种程度上说，一个人也许拥有两种不同的性格。而有两种性格的那些孩子大多都是如此：他们不能确定自己的发展方向，观察问题的角度也不确定，而且不愿意在一条道路上坚持走下去，第一次尝试如果失败，就会主动放弃，从而选择其他道路。

教育孩子在面对身边的环境时，不能用敌对的态度，要学会适应社会，这种要求是十分简单的。因此，营造一个安静的公共环境，是让孩子拥有适应社会生活要求能力的基本条件之一。父母如果想创造宁静和谐的家庭环境，就不要给孩子加上过重的心理负担，要将孩子对权力的渴望降到最低，也要让孩子的直线性格不至于发生过于激烈的转变，比如由勇敢变成无耻，由独立变成无所顾忌的自私等。这里有一种方法或许可以用于实践，那就是父母一定要掌握儿童的成长规律。同样，这能避免孩子因为外部施压的强迫威力，造成难以消除的心灵印迹，因为权威的压迫存在，从而让孩子变得无比顺从听话，甚至跟奴隶毫无区别。如果父母在教育子女时采用如下方法，很可能会让孩子变得沉默不语，自我封闭，不敢面对现实，不敢承担各种后果。这些错误的方式是：父母不了解孩子成长的规律，在教育时总是采取强迫方式，在家庭中建立权威。总而言之，父母将施加压力作为教育方法，是不正确的。要知道，被迫的服从仅是一种表层现象，这种教育方法也只能营造出服从的假象。因为孩子的内心与人格，将被周围的关系、成长时遭遇的挫折所影响。以孩子的能力，往往不能对外部影响做出判断，周围的大人也不知道这些事会造成影响，甚至都不理解这些影响，这样实在是可惜。在这种情况下，孩子要被迫面对各种阻碍，并对此做出一定的反应，而在这一过程中，他的人格也就渐渐成型。

此外，不同的人如何面对困境，根据这些依据，我们可以将人分成不同的类型。第一种类型是性格开朗的人，人格几乎朝直线发展。这种人毫不在乎生活中的困境，无论遭遇何种问题，都能勇敢地面对。他们充满自信，以乐观的态度对待生活。他们对自己的要求并不高，因为深刻了解自己的能力。不过，他们也不会轻视自己，绝不会活在对从前错误的悔恨和懊恼中。所以，在困境中乐观的人比那些悲观胆怯的人更能拥有良好的心态，以迎接人生的各种挑战，即使是面对最糟糕的困境，也对所有事情都充满信心，并认定事情会出现转机。

想要判断一个人是否乐观，只需观察他的言行举止就够了。乐观的人不怕任何事，说话时也没有顾虑，而且行事有礼有节，这些都是乐观的表现。更生动的描述是，他们随时都愿意张开怀抱，准备给伙伴一个拥抱。乐观的人看起来都很有亲和力，不会在人际交往时遇到困难，这是因为他们的戒心很少，并且几乎没有疑心病。

他们说话非常直爽，行为姿态和走路姿势也没有故意做作，所有的表现都非常轻松自然。但是在日常生活中，很少会出现完全乐观的人，这种人大概只存在于人类的童年时代。然而，一个人如果具备乐观的精神与社交才能，基本上就能被称为乐观了。

悲观的人则是完全相反的，对这种人的教育最麻烦。悲观的人往往因为小时候的经历或者以前记忆，产生自卑情结，导致他在任何困境中都会有艰难的感觉。一个人在幼时经历过错误的待遇，就会让他经常情绪悲观，看到生活中黑暗的一面。跟乐观的人比起来，悲观者对生活的困境有更深的感受，因此也更易失去勇气和安全感。他们时常由于缺乏安全感而感到痛苦，渴望从别人那里获得帮助。悲观者对援助的强烈期望，在他们的行为中有充分的展现。比如说他们不愿独处，在年幼的时候，只要妈妈没在身边，他们就会哭闹，有的人更是到晚年，仍然无法抹去这种哭闹所留下的心灵印迹。

悲观的人往往态度畏怯，做一件事时，他们异常谨慎，甚至达到反常的程度。可能会为了某种潜在的危险，他们反复思考担忧，因此，悲观者的睡眠质量也都不会太好，其实在评价个人性格时，睡眠是个非常好的评判标准。一个人过度缺乏安全感，行为异常慎重，他的睡眠质量通常不高。这种人似乎为了躲避生活中的障碍，在所有时间内，包括睡觉的时候都保持着高度的警惕心。他们的生活十分乏味，缺少乐趣，对生命的理解又十分浅薄。通常来说，一个人的生存能力会因睡眠质量的不高而逐渐降低，如果他的忧虑实有其事，生活果真如他想得那般糟糕，那么对他来说，睡觉就变得浪费时间，而且更没有必要了，因而睡眠质量也会变得更差。事实上，悲观的人还未准备好迎接生活，而如果对睡眠心存抗拒，他在睡眠中遇到麻烦，其实跟睡眠本身没有多大联系。悲观的人还经常担心门没有锁好，做梦看见夜晚偷窃的小偷，抢劫的强盗，这些都是判断某人是否悲观的重要依据。另外，一个人睡眠姿势也同样可以作为判断的依据，悲观的人睡觉总要把身体缩成一团，或用被子蒙住头。

此外，我们还能把人分成进攻、防御两种类别。进攻型的人行为比较激烈、豪迈。如果他拥有足够的勇气，就很有可能把勇气变为鲁莽，以便让自身能力得到充分展现，这刚好体现了安全感缺乏给他带来的巨大干扰。忧虑的时候，这种人往往会为淡化忧虑与恐惧，表现出一副强悍、残酷的样子。为了证明自己是真正的男人，常常装腔作势，甚至到了某种荒谬的程度，令人发笑。他们当中的部分人把所有温柔感情都当成懦弱，因此想避免自己也有这样的表现。这种人也许会很野蛮、残酷，但如果兼具悲观的倾向，就会改变身边环境以及所有的关系。他们如果缺乏同情心以及合作能力，就会导致跟全世界为敌。他们也常表现得骄傲自大。他们似乎把自己当成了成功者，自我感觉良好，因而表现出自命不凡的样子。但他们的做法和夸张的行为十分刻意，就像把房子建在了流动的沙子上，因此无法与世界达成共识，性格也因此无法继续隐藏。这种方式让他们在人生中确立了进攻态度，而进攻的心理会不断加剧，有可能越变越严重。

由于社会并不喜欢他们这种人，人们也不喜欢他们的这种作风，因此进攻型的人很难得到顺利发展。他们努力地奋斗，只为自身优越感的实现，可过不了多久，他们就会跟他人发生矛盾，产生各种争斗冲突，而他们的行为同时刺激别人的竞争意识，因此导致他们跟同类争斗，这种概率更高。毫无疑问，生活对他们而言，已经变成了一场战斗，而且无法停止，他们从过去的争斗中获得的所有快乐，都会在遇到失败的一瞬间消失无影。可以这样说，这种人很容易在恐慌下无所适从，因为他们的竞争能力不够强大，而且无法在关键时刻扭转乾坤。

这种人会因为前方路上出现失败而发生改变，朝着自己想象中被侵犯的类型发展。他们常感觉自己会被人侵犯，因而时常在防御，这就是上文提到的第二种性格类型（防御型性格）。这种人将忧虑、戒心和懦弱作为武器发起进攻，为自身缺乏安全感做出某种补偿。这种防御型与刚才提到的进攻型不能完全区分，它们之间存在紧密的联系。在进攻难以维持的情况下，进攻的人会自动转变成防御的人。面对困难的时候，防御型的人容易丧失勇气，选择落荒而逃，这是由于他们从困境中早就得出悲观失败的结论。某种情形下，他们会为此做出一件看起来更具价值的事情，从而掩饰逃避的选择，以此来为自身的缺陷找到借口。

　　所以，这种人只有在逃避可能危害自身的状况时，才会努力地回忆过去，一般情况下，他们不会漫无目的地思考和想象。其中有一部分人，他们在彻底失去上进心之后，做出一些另类的事情，试图为社会创造一些价值。例如，很多艺术家，他们利用想象力给自己构建一个理想王国，在自己的王国里面，没有任何的拘束，他们用这些想象来摆脱现实。但是这种人始终只是防御型人的某些特例，一般来说，防御型人格往往在困境前选择屈从，并且连续不断地屈从，进而连续地失败。他们害怕与一切人和事接触，而且随时随地都在害怕，因为他们认为，全世界只存在一件事情，就是所有人都跟他作对。

　　由于在社会中不断遭遇错误的对待，这类人在心里形成愈演愈烈的防御态度。过不了多久，他们就对美好品质与光明生活失去信心。永远有不带掩饰的批评，是这种人最具代表的特征。这种人批评强烈时，能敏锐地挖掘出他人存在哪些不足，甚至隐秘的缺点都能察觉出来。他们不愿为别人贡献价值，而是整天自认为是人性的审判官，对他人挑三拣四，给他人增添烦恼。无论面对什么事，都心存质疑。他们的态度十分焦躁、迟疑，所以不管遇到什么工作，都时常犹豫不决，不想做任何决定。我们对这种人的描述就是，他举起一只手，做出防御的架势，因为害怕目睹恐怖的威胁，因而用另外一只手遮住眼睛。

除此之外，这种人还拥有其他的性格特征，让人生厌。如果一个人连自己都不愿相信，就一定不会去相信他人，这一点大家都非常了解。因为这些缺点，这种人通常会心生妒忌，无法抑制贪欲。一般情况下，怀疑世界的人更愿意离开社会，独自一人生活。可以看出，他们并不想给其他人带去快乐，也不愿在他人那里分享快乐，更有些人，他们看到其他人快乐，就感觉是一种折磨，所以不希望别人获得快乐。他们中的一部分人也会为获得某种优越感，为了超越他人，采取一些能够发挥效果的手段。他们还会为此建立十分复杂的行为模式，不计任何代价，来维持上述的优越感。这样，即便他们对同类有着深深的仇视，也绝对不会表现出来。

过去心理学的派系

即使人类不具备人性研究学的专业素质，我们还是可以通过各种各样的方式来分析人性，这一点是可以肯定的。通常，最普遍的做法，就是将某种心灵表现当作一个关键点，然后以此为据，对人类各种各样的表现进行归纳分类。例如，有的人被定义为沉思型，他们经常陷入沉思，很难积极地参加一些社会活动，融入社会也相对较慢。与之相反的一类人，则被划分为活泼类，这类人积极、主动地管理自己的人生，不愿思考太多问题，更不想沉溺其中无法自拔。这两类人在现实生活确实存在，从心理学的角度来看，这两种人只是发展方向存在差异而已，第一种是发展自己的想象力，第二种是发展自己的工作能力。心理学上得出这样的结论，实际上是对人类性格的简单分类，远远不能满足科学的实际要求。因为人类的表现多种多样，他们能否避免出现这样的性格特征，或者性格特征比较缓和，要运用更加精确的概念进行区分才行。所以，以上种种分析都是站在人性科学的理性角度，虽然情况的确存在，但是分类法都缺少可靠的科学依据，是一种较为浅薄的方法。

而个体心理学则是注重把握了一个重要点，那就是将一个人的童年时期作为个人性格的起点。个体心理学认为，个人性格要分别从个体和总体进行分析，可以分为追逐权力型和社会感型两大类。这种理论体现了个体心理学的奥秘，将人性的潜在因素以一个更为简单，更为广泛的概念揭露出来。由于概念拥有极为广泛的适用范围，因此在对全体人类进行分类上，颇具重要的价值。用这样的分类依据，可以对全人类进行归类分析。在对所有病例进行研究时，心理学家必须要兼具慎重的态度和较高的技巧。并且，在这种基础上得到可以证实心灵现象的标准，从而证实心灵现象符合哪一种状况。第一种：一个人的人格中夹杂了少许对权力和威望的追逐，但统筹他人生的是社会感。第二种：在自身获得了巨大的优越感之后才去帮助别人，统筹他人生的是个人利益和对权力的野心。这样分类大大降低了心理学工作者的工作难度，也让我们能够对一些从前遭到了曲解的性格做出更加准确的判断。并且以此为个体性格中的主体，并据此来研究其个体的其他行为，对此进行人格的全面了解，并给予更为全面的、实际的价值判定。

气质和内分泌腺

气质，作为一种划分人类心灵特征和表现的类型的重要概念，存在历史悠久。那么什么是"气质"呢？我们通常将个人思考、讲话和行为的灵敏程度，或个人在交往和工作中展现出的独特节奏或能力，称为一个人的气质。但是由于气质的判定条件的模糊化，导致人们无法以精确的描述和足够的证据来取信于人，因此这种判定方法无法广泛应用。但是"四种气质"的理论对于科学领域的作用，我们却不能否认。很早之前，人们就开始对人类的气质进行分类。准确地说，这种方法源于古希腊。当时希波克拉底将人的气质划分为四种：多血质、胆汁质、抑郁质和黏液质。人类对于人类心灵的研究在此就已经开始了。而罗马人更是继承了这个分类方法。时至今日，还有许多心理学范畴对此进行沿用。在现代心理学研究中，这些文化遗产仍然散发出耀眼的光辉。

首先是多血质，此类人的人生充满了积极快乐的元素，无论面对何事，他们总是能够看到快乐和美妙的方面。他们从不会太过看重什么事，也不会深陷愁苦而难以脱身。正如孔子的思想所说"乐而不淫，哀而不伤"。应当快乐时，他们会快乐，却不会因快乐丧失理智，他们懂得如何克制快乐。应当哀伤时，他们会哀伤，却不会让哀伤打垮自己，他们也懂得如何克制哀伤。这是四种分类中，心理完全健康，几乎不可能存在不足的一类人。而其他三类则多了许多不确定性。

其次是胆汁质，个体心理学将对多血质人和胆汁质人的形象作如下描述：行走在人生道路上，在面对道路上的石头（障碍）时，多血质人往往会从石头旁悠闲地绕行，而胆汁质人则直接用力把石头踢到一旁。胆汁质人往往态度看起来较多血质更为强硬，因为他们对权力欲望极为强烈，并且总是时刻想要展现自身的力量，在面对各种难题时，总是采取更为直接进攻的方式。他们的强硬起始于他们童年时期，是对自身力量的持续表现，也是判断自己是否真有力量的重要依据。这是因为小时候他们曾经非常脆弱，特别缺乏权力感的缘故。

再次是抑郁质，抑郁质人与前两种人相比，给人的印象截然不同。若是以上文的石头继续作比喻，那么他们看到石头之后，或许会因为这块石头而连续想起过去所遇到的所有石头，感伤世事。更有可能是他们看见石头，就转头回去。在个体心理学中，这类人为抑郁性神经症的代表。因为不管是前进还是后退，绕路还是直接踢开石头，他们总是瞻前顾后，没有一点自信。因而他们总是过度谨慎，不喜欢接纳新事物，不喜欢追逐新的目标，总是站在原地犹豫不决。不管什么时候，总是对人和事产生疑心。这样的人很难融入社会，更不擅长体验生活的丰富多彩，因为他们最关心自己，而不在乎其他人。他们要么怀念过去而无法割舍，又或者总是沉溺于自我分析中，根本不理会这些做法都毫无价值，因而他们被自我情绪牢牢控制住。

最后是黏液质人，他们完全是生活的旁观者。虽然经历无数的人生场景，但没有一点感悟，时间一转眼就过去了。几乎没有任何事物能够吸引他们，他们也不去交友，不在乎他人的看法。总之，生活跟他们无关，他们远离群体，是四种气质中最不愿意担负人生责任的一类。

通过上述分析，我们可以推导出，多血质人是最有可能达到尽善尽美的。然而正如上文所说，人类的性格并非单一的、片面的。许多人都拥有两种甚至更多气质，倘若我们执意将人类划分气质，是十分困难和不可信的。因此，也就证明以气质理论来划分人类个性是不可行的。还有一种可能就是，由于这些气质的不稳定性，不同的气质或许会相互转化。我们时常看到这样的人，幼年时是胆汁质人，经过岁月的洗礼和社会的打磨，慢慢变化为抑郁质人，后来在生命的末端又拥有了黏液质人的特征。但是有一种人是相对较为稳定的，那就是多血质人。他们的发展道路始终比较稳定，在人生的路途上，他们满怀热忱，并且脚踏实地，积极向上。是因为他们在幼年时很少有自卑感或者重大生理缺陷，他们的性格十分沉稳，因而发展比较稳定。

然而，伴随着科学的发展，经科学研究表明，人类的气质是由人体的内分泌腺所决定的，因此在现代科学的立场上，气质理论实在难以站得住脚，取信于人。最新医学研究显示，对内分泌腺重要性的确定，是医学的一项重要突破和成就。内分泌腺由以脑垂体、甲状腺、甲状旁腺、肾上腺、胰腺、睾丸与卵巢的间质腺等组成的。到目前为止，人类研究还不能明确地分辨这些内分泌腺的具体功能，只明白这些内分泌腺能够把分泌物直接送进血液，哪怕有的内分泌腺根本没有输送管道。

在人类的成长或活动期间，人体的一切器官和组织定然都会受内分泌物的影响，因为血液会将内分泌物传送到人体内的一切细胞中，该观点已经得到了较为广泛的认同。虽然我们尚未全面地认识内分泌，研究内分泌的资料和证据也十分缺失，但是我们至少已经明白这些内分泌物对人类生命是不可或缺的，发挥着重要的催化、解毒的作用。因为这项研究才开始不久，所以在这一点上，我们还是需要多谈论一些。因为这门新的学科已经形成，并且该理论还宣称，内分泌是人的性格与气质划分的根源，这或许会在心理学对性格与气质的研究方面上能够起到新的研究作用。

先说一种相反的观点。因为甲状腺机能低下而罹患呆小病的病人，不管有何种症状，其具体表现与黏液质人相比，都定然会有许多相像的地方。这种病人通常会出现全身肿胀、皮肤粗糙异常、发质恶劣和行动迟缓呆滞等外在症状。其心灵敏感程度也会明显下降，几乎失去了所有主观能动性。但对比甲状腺健康的黏液质人和呆小病人，应当可以得出两种全然不同的气质与性格特征。因此，我们不能说甲状腺分泌不足一定是黏液质人的气质成因，只能说甲状腺分泌物中可能包含了某种物质，可以让心灵活动保持正常。

病理型黏液质与我们一般认为的气质型黏液质截然不同。不管是在性格，还是在体征方面，心理学角度的黏液质人都与病理型黏液质人存在明显差异，因为心理学角度的黏液质人的成因，与个人的心理发展过程关联紧密。心理学上的黏液质人时常有深刻的、强烈的反应，与安静、祥和完全不沾边，而且其气质很容易发生改变，毕竟一生都是黏液质人的人是不可能存在的。另外，气质对他们来说，不过是一件外衣，是过度敏感之人为自己建造的保护措施，让自己待在堡垒中，远离外部环境。以此来看，这种人的心底可能原本就一直存有某种执拗的想法，想要创造一种把自己能够保护起来的环境。而以此分析的气质型黏液质的态度和成因，与呆小病这种因甲状腺机能低下而发病，从而表现的缓慢、懒惰、功能缺失等症状疾病全然不同。

还有一部分人兼具甲状腺分泌不足的症状，以及具有突出的黏液质特点，容易让人产生误解，好像黏液质的出现是由内分泌失调引发的。在这种情况下，我们依旧坚信，心理学角度的黏液质不同于甲状腺机能低下引发的病理型黏液质。但问题的关键在于，是甲状腺分泌不足引发大量复杂后果，而不是黏液质的迥异产生不同的病症。例如，甲状腺功能低下症病人会因器官和各种外在因素的影响，心中生出自卑感。由于自尊心必须受到黏液质的保护，才能免遭羞辱与伤害，因此他会在自卑感的驱使下，变成一个黏液质人。这说明，我们所做的专门研究，仅仅是针对以前描述过的一种类型，而甲状腺机能低下，是该类型其中一项成因。这种特殊的物质如果缺乏，也许会导致一系列糟糕的结果，例如，病人歪曲个人的生活态度，驱使个人竭尽所能寻觅其他方法，对自己的心灵做出弥补，而刚好有一种现成的好出路，就是转变成黏液质的特性。

接着，我们论述其他种类的内分泌失调，及其能引发何种病症和气质类型，以此更加深入地证明上述观点。以甲状腺机能亢进引发的甲状腺肿大或巴塞多氏病为例，其病症一般表现为心跳过快、脉搏加速、手易发抖、眼球凸起、甲状腺肿大，甚至多少会出现有些极端的倾向等症状。并且，病人还可能出现多汗、肠胃功能欠佳等状况。这些症状都是胰腺等脏器受甲状腺机能失调的影响。与之相伴的，病人会出现以下症状，如易激动、高度敏感、行为焦躁、焦虑倾向等精神状况。

凸眼型甲状腺肿病人从精神表现上，毋庸置疑，与跟焦虑过度之人有着极其相像的症状，但以此就将甲状腺肿与心理学上的焦虑对等，是错误的，不可行的。甲状腺肿大病人之所以会产生诸如焦虑、虚弱至极、容易疲惫和进行体力活动或脑力活动的精力不足等各种心理与生理表现，是因为在受到器官的病痛折磨时，还伴随了心理上的反应。事实上，甲状腺肿大病人的状况与焦虑的神经症病人完全不同。只要对两者进行一番认真的比较，不难得出这一结论。容易激动、焦躁、忧虑的神经症病人，他们的状态主要取决于自身过去的心灵发展。而因为甲状腺机能亢进而精神亢奋之人，是因为受甲状腺分泌物的刺激太多，而亢奋了太久，进而产生了焦虑的性格特征。在言行方面，甲状腺机能亢奋之人或许跟焦虑的神经症病人有相像的地方，但是甲状腺肿大病人的行为通常是缺少计划和目标的，而他们的性格与气质却偏要以此作为基础标志，这就是这两种人在根源上的差异。

另外，再对其他内分泌腺也做一番论述。内分泌腺通常跟睾丸、卵巢的关联紧密，内分泌腺的异常必将会导致生殖腺（性腺）的异常，这是一项在生物学领域得到广泛认可的基本原则。可这种独特的依附关系是如何产生的？两种异常为何会同时产生？时至今日，我们仍然无法研究出准确答案。但是在对性腺不足病人的研究中表明，往往有这种器质性不足的人，他们很难与生活相适应，而他们为了提升自身的这种适应能力，必然会对心灵弥补和心理防御机制的依赖较其他人更强。因此，如果我们能够从其他器质性不足而推导出何种结论，那么也能根据上述内分泌腺存在器质性不足的案例而推导出何种结论。

研究内分泌腺的专业人士表示，生殖腺功能是性格和气质仅有的决定元素。但是迄今为止，我们很少见到有人的睾丸或卵巢腺素出现严重异常的状况，也就是说，病理退化只是一种特例，十分罕见。目前为止，我们仍未找到可以跟生殖腺功能低下相挂钩的心灵表现，也就是说，很少有以生殖腺疾病为源头的特殊心灵表现。这说明了，我们在医学方面尚未发现，有能够切实证明性格取决于内分泌理论的现实依据。对人类的生命来说，源自生殖腺的刺激元素的确不可或缺，并且其中还有很大概率会成为人类个体在自身处境中，占据主导地位的决定元素，这些我们都无法否认。但要说这些刺激元素可能来自其他器官，也不是没有可能，同时，我们也无法确定其是否可以直接导致某种心灵表现。

因此，我们必须要注意，在判定人的价值表现的时候，我们必须要慎重，但这不是容易的事。因为一旦有分毫的差错，结果可能会出现巨大偏差。我们知道，天生拥有生理缺陷的孩子，比健全的孩子更容易产生依靠特殊心灵来弥补的方法以及寻求弥补的倾向。但是，我们也应该知道，任何器官在任何情况下，都不能强迫某个人确定一种特殊的生活态度，因而，上述的发展倾向也是可以得到抑制的。不过，因为器官缺陷让人失去上进心，还是有可能性的，但这与前面提到的并非一种情况。在部分人看来，他们认为器官缺陷是性格和心灵发展的决定元素，这种看法的原因如下：由于器官存在缺陷的人，在心灵发展期间（童年）受到阻碍，同时还没有一个人愿意帮他们一起跨越这些阻碍，人们只是冷眼旁观他们因为这种缺陷影响而走上错误道路，甚至在对他们进行观察或者研究的过程中，也从没有人想过给予他们适当的帮助，哪怕是鼓励。不过幸运的是，在该领域中，个体心理学或情境心理学已经做出了客观、真实的研究，气质或体质心理学的种种缺陷也定然从中得到弥补。

总述

现在，我们再来对上述的那些性格特征进行探讨。首先，对之前所探讨的问题先进行简单的回忆。之前所提到的，只是将脱离了总体心理结构独立对象以及他们的种种表现作为研究对象，是无法做到对人性真正的理解的。我们要清楚这一重要观点，最好的是，找到两个甚至更多的现象（时间差距越大越好），然后以通过对比得出的结论为依据，再一次推导出统一的行为模式。而这样的方法被实践证明是可行的。通过该方法，我们可以搜集到某些完整的记忆，并对其进行精心的整理和分析，然后归纳出对某种性格特征的合情合理的评价。如果部分不想和有的心理学家或者守旧的学者一样，那么我们在做出判断时就绝不能以独立现象为依据。否则我们的研究最终只会被迫选择一些传统为标准，难以为继。反之，假如我们能够在大量的心理现象中，成功地确立多个关键点，并能够熟练地运用专业的个体心理学的手段，将这些点总结成独立的行为模式，就可以从整体上给予个人更加清晰和精准的评价，并且一次建立一种逻辑清晰的心理分析的体系。只有借助了这样的方式，我们才能建立起真正牢固的科学基础。然后再以此从某种程度上了解一个人，并借助适当的方法对其进行引导和修正。

我们之前已经对这些不同的方法进行了探讨，并且还以不同的人的经历为例，做出分析和阐释，然后建立起这种心理分析体系。此外，我们还坚持，这种体系切记不要忽视了社会元素，要将研究对象的心灵表现融入到社会生活中去观察，然后再对这些表现进行深入研究和分析。而站在社会生活的立场上，我们得出的最具价值的，也是最重要的基本原则如下：性格是人类个体对周围环境的态度和人与人类社会之间的关系。切记，性格不是道德评判中的标准。

我们在反复证明以上看法的同时，发现在人类的身上存在两种广泛的现象，即：其一，社会感为人类个体与他人建立关系。无论任何人，都必须具备一定的社会感。因为人类一切巨大的成就，都是建立在这种社会感的基础上的。人在对心灵表现做出评价的时候，往往也是以社会感作为可操作性的实际标准。而我们对一个人的社会感的认知和对一个人心灵的全面了解，都是建立在以下基础上的，即了解该人的为人处世的方式，了解怎样让自己的人生充满意义，并怎样努力才能富有朝气。其二，对个人权力和优越感的追逐。与社会感不同，这类人更加注重对自身优越的追求，这也是对心灵表现进行评判的另一个标准。但是我们在对两者进行研究和分析对比时，可以发现，人与人之间的关系由社会感决定，但同时也会受到对权力追逐的约束，与两者分别形成了正比与反比的关系。无论什么时候，社会感与自身权力的追逐都是相互对立的，并且同时保持着紧张的博弈关系。而人会因为这两种倾向而产生的种种具体表现，就是所谓的性格。

第七章

如何掌控情绪

感情和情绪是性格特征增强之后的产物，这在前文中已经有所阐述。情绪等同于心灵在特定时间范围内的活动，在人自觉或是不自觉的意识下，突然进行宣泄。情绪的宣泄跟性格特征很相似，在目标和方向上，都是确定的。感情也并不是高深莫测、不可解释的现象。一个人之所以会产生感情，与他本身想改善自身处境，同时又不想违背自身生活方式和行为模式息息相关。举个例子，敌人不在身边，你就不会感到生气，也就是说，人因为内心想要击败敌人，才产生了生气的情感。换句话说，作为心灵活动的感情和情绪，强劲且激烈。一旦想不出达成内心目标的好方法，或是没有了达成目标的信心，人就会不受控制地产生感情和情绪。

还有另外一种人，每天遭受着自卑与无力感，为了让自己积极进取，将自己的所有精力、方法都投入其中，始终相信通过不懈的努力就一定可以得到至高的地位。人们心中没有安全感，为了寻找安全感，寻找优越感，通常会为自己设定一个目标，即使内心没有十足的把握可以达到自己设定的目标，也会通过无数的感情和情绪付出，而一步步接近目标，绝不放弃。凭借感情与情绪发泄，即使拥有很强的自卑感，也依旧可以全神贯注、集中精神，为了达成自己极具盼望的目标，表现得异常强势和激烈。总而言之，感情和情绪这种强烈的心灵活动，完全可能帮助个人达成目标。同时，如果这个方法没有太大的作用，那么个人也就不会流露出太多的感情和情绪。感情和情绪因为跟人格有着密切联系，因而他们也变成了人类所共有的普遍特征，而不是特殊特征，这种特征在不同的人身上有着不同的体现。遇到特殊的环境，每个人都会对应地流露出各自的独特感情，我们称之为"感情能力"。感情在人们的生活当中是十分重要的一部分，每个人都会感受到种种不同的感情。即使我们没有跟人真正交往的经历，也可以想象出人们对此普遍的感情和情绪，但这是有前提条件的，那就是要极了解此人。身体与心灵是不可分割的统一体，因而感情和情绪这种不可撼动的心灵现象作用会影响到人的身体，例如，脸色发红或变白、脉搏加速、呼吸加快等诸如此类的种种变化，都是感情和情绪所引发的具体生理现象的表现。

分离性感情

1. 愤怒

对权力和地位进行掌控的强烈欲望所展现出来的就是愤怒。显而易见，愤怒感情的目标是将自己面前所有的阻碍快速、彻底清除。在此之前，人们进行了多次研究，全都证明了怀有愤怒感情的人会竭尽所有力量来追逐优越感。但是在个别的情况下，追逐优越感会演变成对权力的追逐。因而，人们就会因为权力受到威胁而勃然大怒。凭自己过去的经验教训，他们觉得，自己依靠这种方式可以毫不费力地将敌人打败。很多时候，即使这种方式并不见得有多好，但是的确管用。或许很多人还记得自己曾经依靠愤怒的表达而夺得声望。对于那些经常性出现、有惯性、有目标而导致的激烈反应式愤怒，我们可以谅解。而对于那些没有缘由的愤怒，并不是这样。有些人将愤怒作为自己解决问题的方式，甚至是当成自己仅有的解决方式，轻而易举地就能将愤怒表达出来，夺得众人的注目。一般来说，这种人内心极度自负，并且十分敏感，只有在自己比别人高出一等的时候才会得到优越感，假如有人跟他们处于同样的水平，他们就不能忍受；一旦有人的水平处于他们之上，他们就更是不能忍受。他们的特点就是，时时刻刻用犀利的眼光关注着别人的动态，永远战战兢兢，永远如履薄冰，给自己较低的评价，提防别人超越自己。敏感之人的典型特征还有疑心病重，简单说来就是很难信任他人。除此之外，还有很多性格特征都与愤怒、敏感、疑心重有紧密联系。那种无时无刻都在想着如何超越别人的人，一定会遇到很多的问题，甚至是不能与社会相适应，因为他们不敢面对充满困难的任务，这些都是可以猜想到的。假如这一类人面对心愿无法达成的状况，他们只会通过打碎镜子、摔碎花瓶等让人讨厌的方式，将自己的不满宣泄出来。就算他在平静下来之后再进行赔礼道歉，解释自己只是当时一时失去了理智，但是，因为他伤害人的欲望如此激烈，因而会让人觉得他的解释无法成立。另外，他的这种发泄行为，一定是有意识、有计划的，因为他不会破坏不值钱的东西，他只毁坏值钱的东西，来发泄自己内心的愤怒。在小的范围内，这种发泄方式可能会起到某种效果，但是，一旦扩大到比较大的范围，这种发泄方式的作用就不会那么明显了。

我们对愤怒这种感情差不多非常熟悉了，一旦听到愤怒等诸如此类的词语，就会第一时间想到那些暴躁的人。对于外界来说，这种人抱有非常明显的敌对情绪，他的愤怒，就表明了他几乎失去了所有的社会感。他们会为了权力不择手段，即使是将对方逼入绝境，也在所不惜。换句话说，感情和情绪是性格明确的外在表现。因而，我们在对感情和情绪做出解释时，都可以借助人性相关的种种知识。在我们眼中，那些外在表现经常是焦躁、愤怒、刻薄的人，他们通常都是站在生活的对立面，并且伴随着他们自身内心的极度自卑，他们会疯狂地追逐权力，这是无法忽视的特征。因为勃然大怒会暴露出隐藏在人心底的自卑感以及对于优越感的强烈愿望，因此，显现出猛烈的进攻性和焦躁的情绪，对于那些了解自己的人来说，是多此一举的行为。这也反映了愤怒的手段只会让更多的人遭受悲惨，从而让自己得到更高的价值。但是，它本身并没有什么意义，根本不值得一提。

酒精是导致愤怒情绪的一个重要影响方面，极少量的酒精都有可能使愤怒催生。在酒精的刺激下，人们很容易摆脱道德文明的束缚，在这方面，大家应该都比较清楚。人一旦喝酒，就会行为粗鲁，不讲文明，在喝酒的情况下，人很难约束自身，更是兼顾不到其他人。在清醒的时候，人们可能还会通过各种方法掩饰自己对其他人的厌恶，能遮掩自己的一些缺点，但是一旦喝酒喝多了，就会一下子彻底暴露出他的真面目。通常情况下，经常酗酒的人是很难适应生活的，因为这类人，只会通过醉酒而让自己得到心灵的慰藉，让自己暂且抛却生活的痛苦，并且为自己的失败找到合理的借口，如此而已。

和成年人比较起来，孩子会更容易感到愤怒，他们甚至会因为微不足道的事情就暴怒。这是因为，与成年人相比，孩子的自卑感更强，从而导致他们在追逐权力时，常常采取比较极端的手段。因为小孩子面对的困难，他们自己几乎不可能战胜，所以，他们会采取愤怒来获得认同感。

辱骂、发脾气都不能发泄的愤怒，可能会让愤怒者本人受到伤害。再来说一下自杀，通过分析我们发现，自杀这种行为包含了两种目的，一种是伤害亲朋好友，一种是惩罚失败的自己。

2. 哀伤

某件东西丢失或是被其他人抢走，人们内心就会郁郁寡欢，从而表现出哀伤的感情。与其他感情一样，哀伤的目的也是改变自己不好的处境，填补自己内心的不快和软弱。

以这个角度来看哀伤这种感情，你会发现，它的效果与其他发脾气的效果类似，只不过，导致二者爆发的原因有所差别，二者的表现方法也有所不同。与其他感情相比，哀伤并没有什么大的不同，它也渗透着对优越感的向往。比如说，愤怒的人厌恶敌人，他追逐的方向就是贬低敌人、抬高自己。哀伤的人针对的是自己，为了抬高自己，达到内心的满足，哀伤是不可避免的，这种感情与畏缩类似。哀伤和愤怒都是一种发泄方式，都是心灵的一种活动，只不过二者得到满足的方式不同而已。哀伤的人会经常处于抱怨之中，他们的这种做法，已经表达出对他人、对社会以及对自己的敌对与不满。因而，虽然哀伤是人的一种本性，但是它表现出的依然是对社会的抵触，这一点始终无法改变。其他人如何对待哀伤的人，这决定了其是否能够得到优越感。身边的人如果对哀伤之人进行鼓励、支持、同情，给予他们帮助，那么他们是可以改变自己的处境的，这是显而易见的。

哀伤的人可以轻而易举地利用眼泪来超越他人，可以审判、批评甚至是指控当前的秩序。因为对处境要求的日益提高，哀伤之人会变得越发的内心坦荡且直率，同时，他内心的哀伤也会变得越来越深。你会发现，哀伤也可以成为一个让人不可抗议的托词，而凭借该托词，哀伤的人会给人一种强迫感，迫使其承担责任和压力，使人无法摆脱。

拥有哀伤感情的人通常会对两点表现得异常全面，一种是以守为攻、以小博大的努力过程；另一种是个人维护自身地位，逃避无力感与自卑的意愿。

3. 感情泛滥

对于感情与情绪的意义、价值，你如果想要真正了解它们，就一定要知道，在战胜自卑感、提升人格、得到认同感的过程中，感情和情绪扮演着非常重要的角色。事实上，在现实生活中，把感情当作武器的现象时常发生。孩子们在观察出利用发脾气、忧伤、流泪能帮助自己掌控身边的环境，吸引他人的关注后，就会经常使用此方式。孩子们非常容易因此建立出固定的行为模式：面对生活中的问题，他们通常会借用自己独特表达感情的方式，来解决自己面对的问题。但是，事实上，在解决种种生活问题时，尝试借助自己独一无二的表达感情的方式。这导致他在任何有需要的时候，都会借助这种武器达成目的。但实际上，对感情的过度依赖是一种不健康的成长方式，可能发展成为一种病态的陋习。如果从小就养成了这种不好的习惯，那么长大以后随意利用自己的感情的可能性就大大提高了。在遭人拒绝，被其他人威胁到自身权利，他们都会很熟练地利用这种方式表达自身的不满，发泄自己内心的愤怒、哀伤等感情。这种性格特征是极其让人厌恶的，并且没有任何的价值，甚至是将感情本该有的价值也磨灭了。举个例子，用号啕大哭的方式表达哀伤，跟夸大其词的表演并没有什么不同，并且令人感觉极其别扭，给人一种在假装自己哀伤一样的感觉。现实生活中，这种人也很多。

感情泛滥可能也会导致一些生理方面的反应。一些人会因为愤怒而使得消化系统严重受到影响，更严重者，甚至会出现恶心、呕吐等现象，这些大家可能都知道。显而易见的，在一定程度上，这种生理反应具有敌对与抗拒的倾向。哀伤也常常会影响到人的睡眠质量与吃饭质量，从而导致人会变得虚弱无力，真正哀伤欲绝，也是与此一样的道理。

感情泛滥会威胁到他人的社会感，因而我们必须给予一定的重视。他人的善待可能会慢慢缓解痛苦之人的哀痛之情，但还有一些人，因为内心极度地渴望其他人对自己的关心与同情，想要借此得到自己内心的优越感与价值感，因而他们会想要自己沉溺在哀伤之中，他们认为，除了这个办法，不知道还有什么方式可以帮助自己达到上述目的。

能频繁引发同情的愤怒与哀伤都属于分离性感情，会伤害到人们的社会感，导致人们不能建立起真正的联系，最终会使得彼此之间的距离越来越远。在一些情况下，会对人们的社会感造成伤害，不仅无法在人们之间建立真正密切的关系，还会拉开相互之间的距离。某些情况下，哀伤的确能让人们变得团结，但是，总会有一些人拒绝付出，最终会导致其他人付出更多，对于这些人来说，他们一定会感到不平衡，严重一些的，价值观会变得扭曲，归根结底，这并不是一种真正意义上的团结。

4. 厌恶

厌恶同样属于分离性感情的一种，与其他感情相比，厌恶的分离性要更隐秘一些。生理方面出现的呕吐感，是因为胃壁受到刺激。心理因素也同样能导致这种感觉，这为厌恶的分离性提供了依据，不必存在疑问。展现出的情绪是抵触或是厌恶，厌恶引发的各种表情代表着对环境的轻蔑和对问题的回避。很多人利用厌恶的感情，躲避让人烦恼的处境，厌恶情感的过度使用是十分常见的现象。并且刺激非常容易催生厌恶情感，对一些社交场所的厌恶会让人产生逃跑的念头，这是非常理所当然的。任何人都可能依赖某种训练，从而掌握随时产生厌恶的技巧，因而，这种感情是最容易通过教育导致的。这将使得这种本来不会造成危害的感情变成了一种强大的、与社会对抗的武器，换种说法，这是一个强大的借口，以此来达到逃避社会的目的。

5. 恐慌和忐忑

在人们的生活中，人们应该格外注意恐慌和忐忑。这种感情不仅属于分离性感情，而且还可能导致完全的倒向其中一方的局面。其中责任与压力可能只被一部分人承担，与哀伤导致的后果没有差别，这种感情的问题所在就是这样。就好像一个害怕恐慌、想要逃离某种环境的孩子希望他人保护，他们就会选择这种方式。表面上恐慌和忐忑这种心理功能并没有什么好处，甚至可以与失败放在一起，事实上也是这样。一个人如果恐慌与忐忑，会尽最大努力展现自己的软弱，但这样也展现出了这种感情追逐优越感的分离性特征。也就是说这种人希望站在他人的庇护所后面，储存自己心中面对问题、克服问题的能力，这也是这类人想要寻求他人保护的原因。

恐慌和忐忑是人一生下来就有的一种感情，他们不可撼动，换句话说，一切生物从出生起，就能感受到恐慌。但是由于人类太过脆弱，导致不能承受打击，因而就会非常恐慌。稳定、顺利前行的孩子身边一定会有人帮助，单单依靠自身力量是不够的，因为孩子的生活经历少，对生活的认知太过表面化。进入生活之后，孩子们会遇到各种各样的难题，很多威胁性环境便以各种各样的方式出现、影响着孩子，这便导致了孩子内心极大的不安全感。孩子想要寻找这种安全感，但是又要一直面临生活中的威胁，导致了悲观情绪的产生，从而使他有了一种自己整体上的性格特点，也就是急切地渴望外界的帮助与庇护。这导致他以后战胜人生困难不再掌握主动权，他越是卑微谨慎，就越是被动。同时，他已经有了一种被迫前行时逃走的心理，这样的后果，就催生了他性格中恐慌和忐忑最明显的特征。恐慌和忐忑与模仿很像，他们的表达方式中都有抗拒力量，但是并没有完全展现不加掩盖的攻击性，这些我们知道。但是恐慌、忐忑到一种极端情况时，是不能够掩饰自己的心理活动的。这种人总给人一种寻求他人庇护、将他人圈进在自己身边的感觉，这种感觉完全不是由自己控制的。

在探讨焦虑的性格特征时，我们得出的很多结论，实质上是在建立一种上下级从属关系，要求他人要时刻帮助自己。有非常多的人一生都在苛求特殊关怀，这是通过更深层次的研究得出的结论。究其原因，缺乏生活经验，不能自立，缺乏社会感，即使有人陪伴的欲望极度强烈，也难以改变这一点。他们忐忑的目的就是得到这种特权。恐慌和忐忑不仅能帮他们逃避各种生活问题，还能使身边的人都屈服于他们。他们一切生活关系都将会有这种分离性感情的存在，在他们追逐掌控地位的过程中，变成一种关键的手段。

联合性感情

1. 快乐

人们相互之间容易建立的一种感情就是快乐。快乐完全与疏远和孤立不同，二者根本不能兼容。快乐之人喜欢与人玩耍、做伴、分享，在与人相处、拥抱时他们的快乐情绪会完全展现出来。快乐作为一种联合性感情，一种非常生动形象的说法就是向伙伴伸出友善的手，给他人带来温情。显而易见，这种感情将一切联合性元素都包括在内。但快乐的人也会有不满足、孤单等沮丧情绪，他们也要想办法战胜这些，也需要遵从前文中提到的路径，追逐某种优越感。快乐可以说是战胜困难的最好方法。快乐与笑声相伴，也就是说快乐的感情以笑声为前提。笑声可以减缓人的压力，可以使人放松。笑声还可以强烈影响他人，非常容易使人有相同的快乐情绪，而不仅仅只对一个人有影响。

但部分人会利用笑声与快乐达成自己的某种目的。举个例子，害怕被人忽略的病人在知道发生了非常严重的地震之后，会表现得非常快乐，而不是悲伤，这是因为在他们的内心，哀伤会使自己脆弱，因而他通过与哀伤相反的情绪、也就是快乐来逃避哀伤。因为他人的不幸而高兴，就是在滥用快乐。在错误的时间、地点表露出来的快乐，就是否认、毁坏社会感的分离性感情和让人臣服的手段。

2. 同情

同情是最能展现社会感的一种感情表达方式。普遍情况下，任何拥有同情感情的人，都能很好与人相处，他们都有非常成熟的社会感。

滥用同情的现象可能比同情更加严重。表面上，滥用同情的人好似拥有很强的社会感，但是本质上，这是一种非常虚伪、夸张的做法。例如，一些人费尽心思进入遭受灾难的地方就是为了寻找新闻、登报成名，就是为了报道他人的凄惨经历，他们并不是为了帮助这些受害者。这种为同情而同情、居心不良的同情者，就是想通过与悲惨受害的弱者的对比，彰显自身的优越感。因而在观察这类同情者时，一定要联系他们的人格与做法。对人性研究造诣颇深的拉罗什富科说过"朋友的悲惨遭遇往往能让我们感到满足"。这句话用在滥用同情的人身上非常合适。

有些人把上述现象与观看悲剧表演混淆了，觉得与台上悲剧人物相比，观众自己要更加高尚，是其跟上述现象的相近点，而这是不成立的。对大部分人来说，这样说都是不合适的，因为人们之所以观看悲剧，就是为了了解自己、教育自己。我们内心非常清楚，那只是戏剧表演而已，我们希望能从其中获取一些营养成分，丰富自己的人生经验。

3. 谦逊

谦逊是联合性与分离性共存的一种感情。人们的社会感中包含谦逊的感情，人们的心灵活动与谦逊也有密切联系。没有谦逊，人类社会就无法继续。个人存在价值降低，对自身价值不再有兴趣，谦逊的感情就会产生。谦逊的感情能引发强烈的生理反应，就好像毛细血管扩张一样。皮肤表层的毛细血管扩张，就会让人面色发红，不过也有一部分人会全身变红。

谦逊的外部表现表明它本质上就是畏缩，这种孤立的姿态伴随着些许的沮丧，就好像准备逃脱险境一样。因而我们可以把人向下望的眼神、羞惭的脸色看成一种预兆，表明接下来很可能就要畏缩或是逃跑了。这也表明了谦逊同样属于分离性感情，这点毫无疑问。

谦逊与其他感情没有什么不同，也有被滥用的可能。有些人的面色突然就变了，他们与朋友之间的关系都会因这一分离性特征受损，而滥用谦逊肯定导致分离性变得更加严重。

第八章

自卑感与优越感

自卑情结

"自卑情结"作为个体心理学非常重要的发现之一，已经逐渐被人熟知。很多学派和学科分支的心理学家不仅都接受了这一概念，而且还将这一概念应用在了实践当中。但是，令人不能肯定的是，他们是不是经常可以将这一概念完全理解，并且将其正确地运用起来。例如，对于患者来说，仅仅告知他们患有自卑情结，并不能对他们产生什么好的影响。相反，通过这样的方式只会让他们的自卑感更突出，而不是给他们指出解决之道。我们只能从他们的生活方式中，寻找出其所产生的力不从心的感觉，然后在他们灰心丧气时给予鼓励。

精神出现问题的人都有自卑情结。与常人不同的是，在某些既定的场合下，他们感觉不到自己能过上一种有意义的生活，会自己给自己制约，给他们的麻烦取个名字根本没有任何用。我们有时通过对他们说"你一直在被自卑情结困扰"来迫使他们勇敢一些，可是，并没有什么用，就好像对头疼的人说"你这是头疼"一样毫无用处。

假如询问那些精神有问题的人是否感觉自己自卑，他们大都会给予否定回答，有的人可能还会回答说："相反，我感觉自己比其他人更加优秀。"事实上，根本无须多问，他们的行为会将他们的小花招完全展露出来，他们只是通过这些自欺欺人的手段来看到自己的重要性。举个例子，傲慢自大的人，他们的感受通常都是："不能让别人看轻我，我一定要展示出自己的重要性。"看到那些说话时喜欢带着夸张手势的人，可以猜测出他内心的想法："我必须要强调一下，才能显示出我说话的分量。"

事实上，我们可以推测，所有的特别夸张性的行为举止背后，都藏着一些自卑感。就好像矮个子的人因为担心自己的身高过矮，总是踮起脚尖走路，以使自己显得高一点。我们在某些时候会看到小孩子在比较身高时就是这样。担心自己显得矮的人就尽可能地让自己绷直身体，让自己看起来显得比实际情况更高一些。假如你问那个拼命使自己更高一些的孩子："你是不是担心自己个子比较矮？"极大的可能性，他是不会承认的。

所以，一般怀有强烈自卑感的人，不会是那种非常和蔼可亲、安静可人，并且自制力良好的人。自卑感有数以千计百计的表现方式。给大家举个例子或许能够更明白些：三个孩子第一次进动物园，当他们被带到狮子笼面前时，每个人的反应都各不相同，第一个孩子躲在了妈妈的裙子后面，说："我想回家。"第二个孩子站着一动不动，脸色惨白，浑身止不住地颤抖，嘴上却说："我根本就不怕。"而第三个孩子恶狠狠地瞪着狮子，问他的妈妈："我能向它吐唾沫吗？"从这里我们就可以看出，面对狮子，三个孩子都会感觉害怕，但是他们表达害怕的方式都与他们各自的生活方式有着紧密联系。

因为我们每个人所生存的环境空间都会有令我们不满意的地方，我们每个人的身上都会有自卑感存在。假如我们足够勇敢，就可以凭借唯一的、直接的、现实的和令人满意的方式来使这种感觉消失，也就是改善目前的状况。任何人都不能长时间地忍受自卑感，迫于压力，人们通常会采取一些行动。但是，如果一个人没有自信，不相信通过一步步的努力可以使自己的处境得以改变，同时，还不能一直忍受自卑感带来的压力，那么，他就会采取行动，即使并没有什么用。他们的宗旨依旧是"凌驾于困难之上"，但内心却不再尝试越过阻碍，仅仅只是给自己强加上一种莫名其妙的优越感。同时，他们内心的自卑也会更加严重，因为他们并没有从根源上解决造成自卑感的原因。根本性的问题没解决，之后的所有行动不过是在让他们陷入越来越深的自我欺骗之中，所有的问题积聚在一起，导致压力越发大起来。

假如看到与此相似的行为，但是不去尝试着理解，那么会使我们认为这是漫无目的的。终归给人的印象不像是在有目的改变自己的状况。但是，如果我们看见他们和其他人一样，奔波在获得充实感之中，但是却又放弃了改善处境的努力时，这一切就都有了理由。假如感到软弱，他们就会为自己打造出能使自己非常强壮的情境，并不是通过锻炼或者是让自己更有能力，而仅仅是成为自己眼中更强壮的自己。他们的努力只能在某些情况下获得成功，当他们面对工作中无法解决的问题时，就很可能在回到家里的时候通过暴力的手段，来确认自己的重要。但是，不管他们怎样自己欺骗自己，都是不能够从根本上消除自卑感的。生活还是原来的样子，自卑感也一样存在。在个人自我欺骗之下，这是会一直存在的暗潮。通常我们把这种情况称为"自卑情结"。

我们可以给自卑情结下一个简单的定义，当出现问题，个体没办法解决，并且从心底里认定自己无法跨越这个障碍，那么这就是自卑情结的表现。从定义中，我们可以看到，恼怒、哭泣和逃避责任的辩解一样，都可能是自卑情结的具体表现方式。因为自卑感经常会带来压力，所以与此相伴的总是争取优越感的、与之互补的举动，但通过这些举动并不能真正解决问题。这种为了寻求优越感的行为恰恰是生活中没有意义的一面。真正的问题被弃之不理，被搁浅。个体将尝试着给自己的活动范围设置区域，他们不在乎成功，更在乎的是"不要失败"。他们所表现出来的就是优柔寡断，墨守成规，畏首畏尾，甚至是刻意地逃避阻碍。

这种态度在广场恐惧症的病例中表现得淋漓尽致。这种病症代替的是一种顽固的理念："我不要走太远。我必须待在熟悉的环境中。生活中充满了危机，我必须远离它们。"如果一直是这种态度，个体就会将自己拘禁在一个房间里，甚至是连床都不能离开。

逃避困难最严重的程度就是自杀。在面对生命里的种种困难时，人们放弃了，而且坚定地认为自己什么也不能改变。当我们能够意识到自杀是一种谴责或复仇的状态时，就能理解蕴含其中的对优越感的追求了。自杀者认为他们的死，都是因为他人，就好像是在说："我如此的脆弱敏感，而你们还这么残忍地对待我。"

在一些程度上，所有的精神出现问题的人都会给自己的生活范围限制区域，限制自己与世界的联系。他们竭尽所能与现实保持距离，忽略掉生活中的重重问题，将自己局限在一个自己能够掌控的情境下。以这种方式，他们为自己创造出一个小小的房间，再将门窗关上，过着关上房门、与世无争的生活。是欺软怕硬，还是不断抱怨，就依据他们各自的教养了。他们会找出与自己最契合的策略。假如某些时候，一种方法令其不满意，他们也会尝试寻找其他的。但是，无论具体方式是什么，他们的目标只有一个，那就是不用自己费心费力，就能获得优越感。举个例子，一个悲伤的孩子发现自己的眼泪可以帮助自己很好地达到想要的目的，那么他就很可能成为爱哭的孩子，这样的孩子到了成年，会变得格外忧郁。眼泪和抱怨，可以称之为"水性的力量"，很有可能成为阻碍合作、制约他人的有力武器。爱哭的孩子，和遭受羞涩、窘迫、负罪感的人们一样，都很明显地表现出自卑情结。通常情况下，这一类型的人甘愿承认自己的不足，承认自己不能照顾自己。他们想要掩饰的，是对于支配地位的沉迷，是不惜一切地凌驾于他人之上的虚荣。与此恰恰相反，喜欢吹牛的孩子，他们表现出来的看起来好像是优越感，但是，细听他们的话语，仔细观察一下他们的行为举止，你会发现隐藏在他们背后的自卑感。所谓的俄狄浦斯情结，实际上也不过是一个神经官能症患者的"狭小空间"的特殊案例而已。广大的世界之中，如果一个人害怕面对爱的问题，那么他肯定饱受神经官能症之苦，并且自己无法摆脱。假如他们把自己圈限在一个小的家庭范围内，那么，他们的性欲对象也肯定会被限制在这个范围内。因为没有安全感，他们的目光，除了亲密之人以外，不会停留在任何人身上。他们担心自己驾驭不了圈子之外的其他人。患有俄狄浦斯情结的病人，大多数都是被父母宠溺的人，因为过分的宠爱，导致他们错误地以为自己就是法律，导致他们从来没有意识到，除了自己的家庭，除了自己的父母，他们也可以在外界得到喜欢和爱。最终的结果就是，在他们长大成人之后，依旧不能离开父母。他们的爱情观与常人不同，他们想要的不是平等的对象，而是一个仆人，但是，最忠厚的仆人就是他们的父母。所有的孩子身上都能被诱发出俄狄浦斯情结，需要做的就是让父母无下限地溺爱他，不让他对任何人感兴趣，与此同时，让他的父亲也对他冷漠无情。

受限制的行为是所有的神经官能症的具体表现。口吃者的言语带给我们一种态度上的犹豫，是残存的一点对社会的兴趣，使得他们与他人没有完全隔离，但不够自信、害怕失败等又与他们的兴趣相互矛盾，因而导致了他们说话时的不流畅。学校中表现"迟钝"的孩子、年过三十没有工作的人、逃避婚姻问题的人、重复同一个动作的强迫症患者、疲倦到影响白天工作的失眠者，所有的这些人都有着自卑情结，最终导致他们在生活问题中存在障碍。有手淫、早泄、阳痿等性问题的人也都表现出不正确的生活方式，与异性的接触会使他们不舒服。从中就能看出与此相伴的优越感的需求。假如我们问："怎么会有这样力不能及的不适感呢？"唯一的答案就是："他们的目标太过不切实际。"

我们已经讲过，自卑感本身并不是异常的，它可以促进人类处境的改善，例如，只有人们自己承认自己的不足和无知，才能促进未来科技的进步，它可以促使人们为了命运的改变而不懈努力，可以使人们更加了解宇宙。实际上，以我来看，所有的人类文明都是在自卑感上建立的。可以猜想，如果外星人来到地球，他一定会感叹："人类建立起他们自己的制度和团队，尽力保护他们的安全，用衣服取暖，造屋顶避雨，铺平道路以便行走——显而易见，人们将自己当成是地球上弱小的生物。"从一定程度上来说，人类的确是地球上非常弱小的一部分，我们没有狮子或是大猩猩的大力气，很多动物都有比人类更好的能力来应对生活中的困难。有些动物会自发地组团来弥补个体的羸弱，但是人类需要的团结协作比自然界其他任何生物都更加丰富多样、更加根本。

人类的孩子极其弱小，他们被父母照顾很多年。任何生命在最初都是极其弱小的，人类离开了合作，就只能依靠大自然的怜悯而存活。因而，我们可以知道那些不会合作的孩子为什么总是会有悲观的情绪以及自卑情结。同样地，我们也能理解具有很强的合作能力的人，也总是会遇到生活给出的难题。任何个体都不会觉得自己已经达到了最优越的目标，都不会觉得自己能够完全掌控自身处境，生命是短暂的，身体是羸弱的，寻找更加完美的解决方案是生命的三大问题之一。虽然我们会找到一些解决方案，但是我们的成就感却永远不会得到满足。不管怎样，还是会一如既往地努力，但是，只有合作的个体会满怀希望地做出有意义的努力，不断地为改善我们的共同处境而努力。

我觉得，不会有人因为没有办法实现我们终极目标而因此每天惶惶不安。可以让我们假想一下，一个独立的个体，或者是整个全人类，已经不会遇见任何障碍。这样的生活没有一点波澜，可以猜想到以后的所有事情，未来的任何事情都不会超过预想，生活再没有什么事情值得期望。因为对未来不确定、不了解，每天的生活才会充满乐趣。假如未来的所有事情我们都能提前预想到，没有我们不知道的事情，那么生活将不会再有进步、不会再有争论，科学也将不复存在，我们的生活就变成了日复一日的重复旧事，除此之外，什么也没有了。使我们充满理想的艺术和宗教也不再有价值。生活充满了挑战，就是我们的幸运。奋斗永不止息，我们才能不断发现、解决新的问题，才会有更多创造、奉献的机会。

但是对于神经官能症患者来说，在最初发展时就已经被隔断了。所有的问题，他们只能看到很表面的东西，不断地夸大自己的难题。而普通人能够帮助他们找出更有价值的解答方式，使得他们能够继续前进，遇到新的难题，找到新的解决方法。以这种方式，他们才慢慢有了对社会有价值的能力。他们不会拖累整个团队继续前进，特殊地照顾他们更是不需要。恰恰相反，他们可以充满激情地前进，可以很好地规划自己的需求与社会情感。

优越目标

对于每一个独立的个体来说，优越目标都是独一无二的，因为对生命价值存在想象，所以就有了它的产生。它产生于人们对于生命意义的描绘。此处所说的意义，并不单单只是一个字眼，它存在于人们的生活方式之中，就像生命中的奇妙乐曲，始终存在。我们不能轻而易举地就看透它们的目标。其实，它们喜欢用委婉的方式表达，让我们必须从它们给出的线索中去揣摩。理解一个人的生活方式就好像去理解一位诗人的作品。诗人们用简单的字词表达内心无限的含义，而这些重要的含义，需要我们通过仔细地阅读和感悟字里行间的东西，才能理解。对于个人的人生观，这样含义丰厚、复杂的东西，也是一样。心理学者们一定要会从言行之间品悟，必须熟悉探求隐含意义的艺术。

除此之外，还有别的办法吗？早在生命最初的几年里，我们就已经决定了生命的意义，不是靠数字计算，而是在生活中摸索前行，依靠生活中我们暂时不能理解的感受、依靠点滴的暗示拼凑在一起的解释得出来的。同样地，靠着摸索和猜测，我们确定了自己的优越目标，优越目标是人一生的助力，是一种动态的取向，而不是图表上或者是地理上确定的一个点。没有谁能够全面、清楚地说出自己的优越目标。即使他们明确地知道自己的职业目标，但这也只是极少的一部分目标而已。即使这个目标能够被清晰地描绘出来，可依旧还是有很多方式可以达成目标。假如一个人目标是成为一名医生，但是，成为医生却代表着很多不相同的事情。他们可能只是想要成为医学某个领域的专家，在职业生涯中，他们还是会表现出对于自身和他人的独特喜好。我们会发现，他将在很大程度上培养自己对同伴们的帮助能力，又会为他们的帮助划定一种界限。他将这个职业设定为自己的目标，并以此作为一种补偿方式，从而来应对某种特定自卑感。所以我们必须结合他在职业领域和其他地方的表现来猜测，他到底是在为了什么样的特殊感受在进行补偿。

例如，我们经常发现，医生往往很早，甚至是在童年时，就已经习惯于面对死亡。对于他们来说，死亡是威胁人类生存的一个侧面，这是死亡给他们留下的最深刻印象。可能双亲、抑或是兄弟姐妹中有人死去了，所以导致了他们在之后的学习成长中，努力寻找抑制死亡的方式。也有一些人将目标设置为成为老师，我们知道，教师分为很多种。假如一名教师的社会情感程度比较低，那么他很可能想要通过当老师，最终成为小范围内的大人物，这很可能就是他的优越目标。可能他们觉得在比自己更弱小、更没经验的人面前才会有安全感。但是拥有高度社会情感的老师则会平等地对待所有的学生，他们以为人类做贡献为目标。现在，我们只用说出，教师与教师之间的能力和兴趣是很大的，同时从他们的言行中，我们能清晰地看出他们都有各自的个人目标。当一个目标被清晰地描绘出来，人的潜力就会被限制在这个目标之内。我们可以将整体的目标称之为原型，会在所有的情况下都奋力打破这些限制，找到一个方式来表现个人设定的生命意义和争取优越感的终极理想。

因而，对于所有的个体，都需要我们从表面观察到本质。个体可能随时改变他们定义和表现目标的途径，就好像他们有时会改变其确切目标的表达方式一样——换句话说，就是换工作。所以我们必须要找到其中潜藏的相同性，从特殊中寻求一般。这普遍性与个人表达相类似。如同我们将一个不规则的三角形，不断地颠倒位置放置。原型也是一样，它包含的内容从很多侧面表达出来，但我们可以综合其所有的表达来辨认出它。我们永远不可能对一个人说："如果你这样做或那样做，那么就可以完全满足对优越感的追求了……"对于优越感的追求是非常灵活的，其实，一个健康、接近正常状态的人，非常容易找到更加开放的奋斗空间，而不是限定在某一个固定的区域内。只有那些神经官能症患者才会紧紧盯着自己设定的目标不改变，并且说："我只要这个，其他都不行。"

我们要小心，不要草率地评价追求优越感的努力，我们可以观察所有的目标，分析出共同的因素——想要变成神。我们会发现有很多小孩非常直率地表达出："我要成为上帝。"许多哲人也有类似的想法。还有一些教师也希望他们的孩子可以成为像神一样的人。一些老派的宗教戒律中也有这样的信息：信徒们必须按照成神的方式来修炼自己。神化内容的一个较为温和的表现便是"超人"概念，它表现在——我不应该说太多的尼采（Nietzsche），尼采精神出现问题之后，曾写过一封信，信的末尾署名就是"被钉在十字架上的人"（The Crucified）。

精神出现问题的人通常放肆地表达自己的优越目标，即成为像神一样的人物。他们会以"我是拿破仑"或"我是中国皇帝"自称。他们渴望自己成为被关注的焦点，不断出现在公众视线之下，希望全世界的电波都能够照射自己，自己成为每一场交谈的话题，预知未来、掌握超能力是他们极度渴望的。

换一种更平和的方式来表达的话，这种想要"像神一样"的目标就体现为妄图无所不知、无所不能的智慧，也或者是长生不老。不管我们是渴望在人世间长生不老、能够一次次重回凡尘，还是在另一个世界里得到永生，根源都是内心对"想要成为神"一样的渴望。在宗教的教义中，神就是永恒存在的代表，他能够跨越时间而永垂不朽。我并不是想要评价这些观念究竟是对还是错，我想说的是，它们都是各自对于生命的不同解释，是"意义"，不管怎样，我们都会接受一些成为神和像神一样的圣人。即便那些无神论者，也会想要战胜神，成为比神更高的存在。我们可以将这看成一种格外强烈的优越目标。

　　一个人一旦确定好他的优越目标，那么他的生活方式也就不会与这一目标有大的不同，行为方式会契合这一目标。人的行为习惯、处事方式会完全与这一目标相符，这无可厚非。所有的问题儿童、所有的神经官能症患者、所有的酗酒者、罪犯以及性变态者，他们的生活方式中都会体现出一些这样的行为，急切渴求通过这种方式得到他们的优越地位。这些行为本身无可厚非，因为他们设定了这样的目标，就一定会有这样的行为。

　　有一个上学的小男孩儿，他是班上公认的最懒惰之人。老师问他："你的作业怎么做成这样？"他给出这样的答案："只要我是班里最懒的学生，您就会非常关注我，在我身上花费大量的时间，您几乎不管那些好学生，因为他们从不会在班上捣乱，每天都好好写作业。"从这里可以看出，他就是想要吸引老师的注意力，为自己找到一个很好的方式妄图控制老师。如果只是想要改变他的懒惰是没用的，因为他的目标需要懒惰这样的帮手。从这个角度来看，他做得非常好，假如他不再懒惰，那他简直就是一个傻子。

　　还有这样一个男孩儿，在家里面非常听话，看起来笨笨的，在学校也是笨笨的，并不是很机灵。他有个比他大两岁的哥哥，哥哥与他截然相反，哥哥聪明活泼，就是经常冒冒失失惹麻烦。有一次，有人无意间听到弟弟对哥哥说："我宁可笨，也不要跟你一样冒失。"如果我们明白这是他在用笨笨的方式避免给自己惹麻烦，无疑他也是非常聪明的。因为他平时笨笨的，相应的其他人对他的要求也就会降低，即使他犯错，大家也不会太过于责备他。在这方面考虑，假如他不再笨，那么就是真的傻了。

一直到现在，我们还总是看表面处理问题。不管是在医学上，还是教育上，个体心理学都完全反对这种做法。如果孩子的数学不好，或者是在学校的表现很差劲，如果只是想要改变这一方面，那么都是没有效果的。因为他们的目的是让老师难过，甚至是希望自己被学校开除，从而达到逃离学校的愿望。假如我们只用一种方法阻止他们，对他们来说，也只是再换一种对策达到目的而已。

成年人的神经官能症也是一样。可以假设一个例子，对于经常头痛的人来说，头痛就是达到目标的有效工具，任何有需要的时候，它都可以发作。因为头痛，他们面对生活中的麻烦的机会大大减少。当他们必须和陌生人打交道或是做决定时，头痛说来就能来。同时，头痛还是他们控制同事、家人、朋友的方式。我们怎么能奢求他们会放弃这样一种有效的武器呢？从他们自己的角度来看，头痛是非常明智的做法，可以帮助他们实现内心的渴望。他们将疼痛加诸己身。当然，我们可以用一个非常恐怖的解释来吓走头痛，就像用电击或一场假手术来治好士兵的战争疲劳症一样。可能药物治疗也能缓解某些症状，使患者不能一直使用这种方式。但是，只要他们的目标不改变，即使是治好了这一种症状，他们也会很快找到另一种替代方法。"治好"了头痛，可能接下来的症状就是失眠、多梦或是其他的病症。只要目标不变，他们肯定会一直继续下去。

有的神经官能症患者不断地尝试"抛弃"某项病症，然后再找新的病症。他们成了神经官能症的收藏家，不断地扩大自己的收藏品。对他们来说，读一本心理治疗法方面的书籍，他们可以从中发现更多的神经官能症，只不过他们还没有找到机会进行尝试。因而，我们要寻找的就应是症状背后的目标，这个目标与患者的整体优越目标之间的相同性。

如果在课堂上放个梯子，然后爬上去，坐在黑板的上方。任何看到的人估计都会觉得："阿德勒博士疯了。"他们不知道教室为什么会有梯子，不知道为什么我要爬上去，不理解为什么我要坐在这样一个不舒服的地方。但是假如我告诉他们，"如果我不能站得比其他所有人都高，我就会非常自卑，所以我才要坐在黑板上方；只有这样我才会有安全感"，他们可能就不会觉得我的行为有那么的不可思议了。我会选择一个最有效的方式来达到我的目标，梯子就是一个非常好的工具，因而我爬上梯子的行为也就得到理解了。

我的疯狂只存在对优越感的解读上。假如我能够意识到之前确定的目标是个不好的选择，那么或许我就会改变我的行为。如果目标不变，我的梯子也被拿走，我就会尝试使用椅子，如果椅子也不在了，我还会选择蹦、跳、攀爬等方式，来让自己站得更高。所有的神经官能症患者都一样：他们所选择的行为手段没有任何问题。我们能够改变的只能是他们已经设定好的目标。随着目标的变化，心理习惯、行为方式、生活态度才会改变。他们会放弃原来的习惯和态度，新的目标和新的习惯会很快取而代之。

有一位三十岁的女士，她总是焦虑，不能与人交朋友，因而她来到我这里，想要获得帮助。我发现，这个女士生活不能自理，最终她成了家里的一个负担。她也隔三岔五地做过秘书之类的简单工作，但是，很不幸，她的老板总是企图骚扰她，这使她非常害怕，不得不辞掉工作。其实，她曾经找到过一份老板挺好的工作，老板对她没有任何不轨行为，但是她却因为这个感受到了很大的耻辱，最终结果依旧是辞职。她之前已经接受过很长时间的心理方面的治疗，甚至有长达八年的时间，但是并没有什么效果。与社会交往的能力依旧不见提高，依旧不能找到养活自己的方法。

我接手之后，我了解了她童年的生活方式。不了解一个人的童年生活，就不能理解一个人的成长。这位女士作为家里边最小的孩子，漂亮貌美，她受到的家庭宠爱我们简直难以想象。除此之外，她的家庭环境很好，父母对她基本上是有求必应。听她讲述到这里时，我说："你是像公主一样被抚养长大的。""非常奇怪，"她回答道，"那时所有人都叫我公主……"我问她最早的记忆是什么。她说："大概我四岁时，有一次走出房子，看到很多孩子都在玩游戏，他们在喊'巫婆来了'。我被吓到了。回到家里以后，我向一位邻居家的老太太问道，世界上是否真的存在巫婆一样的人物，她回答我说：'是的，巫婆、盗贼、强盗什么都有，他们都会跟着你。'"

从这里我们能够看出，她害怕自己被扔下。她在用她所有的生活方式来表达她内心的恐惧。她认为自己太软弱，不能离开家庭，只有家里人会很好地照顾她、支持她。下面还有另一个很早的案例，她用回忆的方式告诉我："我有一个男的钢琴老师，有一次，他试图亲我。我就不再弹琴，马上告诉了母亲，从此之后，我再也不愿意弹琴了。"从这里也能看出，这个女士将自己与男士隔离，而伴随着她个性成长的是远离爱。她觉得恋爱是软弱的表现。

在这里我必须要说，陷入爱情的很多人都会变得软弱，在某种程度上，他们的做法是正确的。如果谈恋爱，肯定就会变得非常温柔，我们对另一个人的兴趣也使得自己更容易受到伤害。只有那些优越目标是不软弱、不袒露内心的人，才会逃避相互之间的爱情。这一类的人会回避爱情，也没办法为爱情做好准备。你会发现，如果她们感觉到自己有陷入爱情的可能性，就会想方设法将这种感情扼杀在摇篮里，比如，嘲笑、戏弄那个人，不断地开他的玩笑，她们企图通过这种方式掩饰掉自己的软弱。

这位女士也是一样，只要涉及爱情与婚姻，她就会感到软弱，因而，只要是发现有男士喜欢她，她的反应就会极其激烈，一心想要逃离。当她还没有完全学会面对这些问题时，她的父母都去世了，跟着他们一起远去的，还有她的"公主王朝"。虽然她也试着找了一些亲戚朋友来照顾她，但一切并不是她内心想要的。等过段时间，亲戚朋友也都不再有耐心，也都不再关注她。她会非常恼火地跑去指责他们，告诉他们，留她孤单一人是如此的危险。通过这种方式，她才勉强摆脱了必须自力更生的可悲境地。

我敢保证，如果她的家人彻底不再因她而烦心，她会疯的。达成她优越目标的唯一办法，就是强迫家人照顾她，让她可以不用因为生活问题而烦恼操心。她让自己一直生活在想象当中："我不属于这个星球。我是另一个星球上的人，我是公主。这个残酷的地球完全不明白我，看不到我的重要性。"再前进一步的话，她可能就会完全地精神失常。因为现在对她来讲，还有亲戚朋友照顾自己，自己完全不必踏出最后一步。

从另外一个病例中，非常容易就能分辨出自卑情结和优越情结。曾经有一个十六岁的女孩儿被送到我这里来，她从六七岁开始偷窃，十二岁开始夜不归宿，和男孩子鬼混在一起。在她两岁那年，她的父母离婚了，她被判跟从母亲生活，从此就住在外婆家。与其他隔代祖孙关系一样，外祖母对她非常宠溺和纵容。与此相反，因为她出生的时候正是她父母矛盾激化之时，她的母亲非常讨厌她，不喜欢她，二人关系非常紧张。

当这个女孩儿到我这里的时候，我和蔼地同她聊天。她告诉我："我也不喜欢偷东西，也不想和男孩子鬼混在一起，我就是想用这样的方式，告诉我的母亲，她并不能控制我。"

"你是在用这种方法来报复你的母亲，对吗？"我问她。"可能是这样。"她回答我。她想要告诉母亲自己比她更强大，她这样的方式，只能证明，在她的内心当中，她是非常软弱的。感觉到自己母亲的厌恶，使她产生了一种深深的自卑情绪，为了寻找优越感，她的办法就是惹麻烦。假如儿童有偷窃或是其他的不好行为，很大的可能性就是因为他们在报复。

一位失踪了八天的十五岁的女孩儿，被人找到以后，被带到了青少年法庭，在那里，她给大家讲述被绑架的故事，说有个男子绑着她，将她关了八天。但是之后没人相信她。然后一个医生单独同她谈话，希望她说出实情，但是，因为医生的不信任，她大发雷霆，给了医生一耳光。我见到她的时候，我问她，你以后想成为什么样的人，并且我还对她强调了，说我对她的幸福以及如何帮助她有兴趣。我问她有什么梦想，她给我讲了一个故事："我在一个酒吧里，出门时遇见了我的母亲。同时，我的父亲也随之出现，我央求妈妈将我藏起来，我不想父亲看到我。"

她害怕父亲，并且还在与父亲对抗。她父亲经常处罚她，为了躲避处罚，她不得不撒谎。任何时候，听到撒谎的案例，都要了解他的父母是否严厉。如果不是真相能带来危险，撒谎就没有任何意义。另外，我们能发现，这个孩子与她母亲之间其实是有一种协作的关系的。之后，这个女孩儿告诉我，有人怂恿她去的那个酒吧，这八天，她就待在了那里。害怕父亲惩罚，她不敢讲出实情。事实上，她的这种行为，也表明了她非常渴望战胜父亲。在她的内心，她觉得她父亲一直在压制她，她只有伤害她的父亲，才能有优越感。

　　生活中有很多为了寻找优越感而选择了错误道路的人，我们要怎样帮助他们呢？假如我们能够了解，每个人都会有对优越感的追求，那么帮助他们就非常容易了。站在他们的位置仔细想一下，我们就会理解他们的努力。他们的错误其实就是将力气浪费在了并没有什么意义的目标上。对优越感的追求，鼓舞着每个人奋力前进，这就是为什么我们做出贡献的根源所在。全人类的活动，几乎都是在这一主线上进行的——从下到上，从负到正，从失败到成功。但是，只有那些真心渴望通过自己的努力造福他人，为了大家的利益而不断进取的人，才能真正很好地应对，并且掌控生活中的一系列问题。

　　假如我们能够用正确的方式对待他人，就会发现事实上他们也并不难说服。追本溯源，合作是人类一切价值和判断的根源。人类对此已经达成了共识，放之四海都是这样。一切的行为、理想、目标、活动和性格特征的要求，目的全都是实现人类合作。没有谁是完全没有社会情感的。神经官能症患者和罪犯向我们说明了一个公开的秘密，即他们会竭尽所能为自己的生活方式辩解，或是想办法把过失推脱给别人。从这就可看出，他们缺失了将生活归入正途的力量。自卑情结使他们内心有一种想法："你永远不会合作成功的。"他们在现实中，一旦遇到问题，就会逃避，转身与一个虚假的影子作战，从而肯定自己的能力，提供自我安慰。

　　人类的劳动分工，满足了各种不同的个人目标。就好像我们所能看到的，所有的目标都会存在些许的偏差，总会有我们能够批评的地方。但是，人类的合作就是一个取长补短的过程。对于一个孩子来说，他的优越感或许就是他擅长的数学科目，但是对另外一个孩子来说，艺术可能使他有优越感。对于第三个孩子来说，可能就又变成了体格强健。一个消化不好的孩子，可能会觉得是自己的营养方面出现了问题。假如他相信事物的研究可以帮助他们改善目前的状况，那么就存在极大的可能，他的兴趣转变成了食物研究。最终的结果就是，他们可能将来成为职业厨师或者是营养师。从这些特殊的目标，我们可以得出结论，针对这些对于缺憾的补偿，有人排除了某些可能性，有人却针对自我的局限加以训练。由此我们可以解释，为什么很多哲学家需要避世而居才能够进行思考和创作。假如一个人有极高的优越目标，同时还有高度的社会兴趣，那么即使所有的目标都会有偏差，但偏差也不会太大。

第九章

肉体和灵魂的联系

相互交融的身体与心灵

自古以来人们就在身体和心灵谁为主导的这个问题上争论着。很早以前，哲学家们就开始讨论这个问题，谁对谁错，大家都有各自的理由。这群人渐渐分化成两个派别，一个是唯心主义者，另一个是唯物主义者。尽管分裂成两个阵营来讨论，这个难题在千百年后依旧没有得到解决。个体心理学在面对这个问题的时候，也许能在如何处理的方面提供一条思路，个体心理学考虑到的重点是身体和心灵之间的关系，它们一直是彼此交融、相互作用的。当出现寻找帮助的个体——包含心灵和身体时，一旦进行帮助的治疗方法稍有不对，就完全起不到任何作用。所以，我们要深深扎根于实际的经验操作，我们要信服的，是能被实践所检验的理论。面对身体与心灵相互交融产生的结果，我们去寻找正确的切入点时，这个动机是最大的。

这一发现的理论，消除了根源上产生的一系列互对冲突的问题，推翻了原来简单易懂的"非此即彼"的观点。生命的统一体就是心灵和身体的相互构成，说明了心灵和身体都是这一事物的表现状态。同时，两者在一个生命体中互相交融的关系也逐渐被看清。简单依赖身体还远远不够，我们的生命仰仗在于身体的行动。比如你种下的一株植物会随着时间逐渐长高长大，但它却不能随意移动，永远只能停留在原地。正是没有脑力的调节作用，身体也就无法行动了。想象一下，假如把人脑的思维或者是能自我感觉的意识，放在一株植物上，都会让我们惊讶不已。即使这株植物能看到以后要发生的事，但对于不能移动的它又有什么用。举个例子：当它看到有一个人正迈步向它走来，马上就要踩着它的时候，这株植物除了脑海里希望这人踩不到之外，什么也做不了。它无法移动，注定面临被踩的结局。

相反，生物能够提前预知未来发展趋势，就能做出有方向的选择。这说明在他们生命中思维和灵魂俱全。

思维我们必然都有，

不然也就无法行动了。

——《哈姆雷特》第三幕第四场

心灵的最主要机能就是预测未来，并且控制身体去行动。理解了这一点后，我们就知道身体是如何被心灵控制的——给行动设定目标。这个目标是确定性的，不单单只是偶尔来引导随机行动。因为行动的方向是由心灵的职能来决定，主导生命的地位就是心灵。反过来说，影响行动的是身体，因此身体也会对心灵有影响作用。心灵要指挥身体做出行为，就必须依靠身体的物理能力，而且还要控制在身体的极限范围内。比方说，身体在心灵的控制下飞上月球，要让身体能不受自身局限的控制，否则面临的结果必然是失败。

所有生物的活动总和都超不过人类。通过人类复杂的手部动作，还有人类可以调节自身的行为，都证明了人类多样的生活方式。说明了人类的心灵在预知这个方面飞速发展，并且带着这样一种肯定的目的性来影响自己的命运。

任何一个单独行动的个体，在它的身后都有可以解释的单一性行为。这个解释除开每一阶段的目标和与此相对应的行为外，事物的各个方面都应有尽有。这一切的努力都是为了获得安全感。这种安全感能让我们感觉生活在和平与幸福当中，表明我们已经克服整个未来会遭遇到的各种困境。要达到这样的效果，必须完全统一好所有的行动和表现。在这个日趋完善的统一过程中，心灵也会随之完善。

同理，身体也一样。为了这个统一的整体，身体在成长的时候，心灵早已将目标根植在萌芽阶段。比方说，你不小心弄伤了手，身体就会立马进行治疗。但是，在这个修复伤口的过程中，心灵也会和身体共同激发自身潜能来进行治疗。不管在锻炼，还是在训练，又或者是在常规卫生保健中，它的价值都已经被检验过。为了整体的最终目标，心灵在整个过程中会不断帮助身体进行修复。

身体和心灵彼此相互促进的生长发展，贯穿在整个生命的始终。它们的合作就像是一个分不开的整体。就像马达一样，心灵一步步下降到身体的深处，去挖掘自身的价值，形成坚不可摧的防御体系。心灵的这种目标印记还会烙印在身体的所有行动、表情和征兆里。所以我们才会说一个人的行为活动必然有着某种实际意义。

什么是表情的意义呢？眼珠和舌头的四处转动、脸上肌肉的凸显，这都是心灵给予表情的意义。由此，我们可以了解并学习到心理学是什么，也就是说，这个研究心灵的学科所要面对的东西是什么。通过找出某一人的目标，将这目标和他人作对比，研究出这个人要表现的东西就是心理学的宗旨。

通常心灵会把目标给具体表现出来，然后弄明白什么地方能得到"安全"的保障，以及如何能够"安全"到达，进而去完成这个终极目标。走错路是必定会有的，但是连一个具体的目标和方向都没有，那你连走上错路的机会都不存在。就像我们的手在运动时，必定是为了要去做什么事。心灵有时会以眼前最大的利益作为判定标准，看不清当前的形势，结果往往会造成严重的灾难。这种灾难的造成大多是选择了错误的方向。每个人都希望自己能"安全"，但是我们都无法保证选择的方向是对还是错，有时候一个小小的偏离就会带来难以想象的后果。

假设你看到一个无法理解的表现时，我们就要最大限度地把它转化成一个简单易懂的行为。就拿偷窃来说，这一行为的本意是将不属于自己的东西强行占为己有。我们来解析这一动作：出发点是因为自己没有，所以强行将他人的财物变成自己的，这就是缺乏安全感的一种典型特征，也同样表明了这个人的贫穷和心灵的缺失。那么当一个人处于什么样的状态下会有这种缺失感呢？这就是我们要去寻找的目标。到最后我们就会发现，对于现有的这种贫穷状态，以及这种缺失感的填补，他们要通过采取什么样的措施来解决。是选择好了正确的方向，还是不惜犯错也要满足自己的贪欲，在这个过程中，选择的方法就有对错之分，而那个想要实现的最终目标，我们是不必去评判的。

我们在第一章说过：个体为自身埋下身心统一的种子，是在最初的四五年里，并且已经联系好身体和心灵的关系。这个过程中，通过不断从周围事物中学习，再加上自己遗传下来的能力不断去消化、感悟、吸收，最终形成自己的长处。经过前四年的融合，到第五年的时候，一个人的个性就基本定型了，形成一套自己对生命价值的看法，对自己认同目标的寻找，甚至于在处理事情的方式方法上，还有对待一个人的情感方面都有自己的独特风格。即使在未来的时候会改变，那也得让他能脱离小时候形成的错误思维。一旦他们能够改正原有的错误观念，相应地，对于生命的理解在表现出来的思想和行为上，也就有了相同的一致性。

我们通过自己的感官和周围的事物接触，并感知这个东西给我们的影响。所以，我们在判断一个人的时候，从身体行为上就能知道他的成长环境和生活经验。想要更深入了解，我们还要留意他平时怎么看人，怎么听他人说话，了解他们感兴趣的东西是什么。换言之，就是看一个人的姿态如何。每个人的姿态都能折射出自己的一套表达方式，甚至这个姿态是怎么形成的你都知道。

那么，对心理学的定义就清楚了。人类受到外界环境的刺激，并对此刺激做出的一系列心理反应，理解分析这些反应的学科就是心理学。我们可以通过这个来分析、认识人与人之间造成的心灵差异是怎么来的。所谓的心灵负担就是当身体和外界环境无法沟通，彼此出现不适的一种状态。比如说，天生身体有缺陷的孩子，心灵的发育都会比同龄人缓慢。心灵对身体的调节和控制就会有不协调的现象，这时候，天生身体有缺陷的孩子一起和同龄人学习时，就必须付出更多的注意力和更大的努力，才能达到相同的水准。长时间这样下去，他们的心灵就会受到创伤，个性会变得自我、狂妄不安。特别是在孩子小时候，本该去发现周围新事物的年纪，却过多地关注自身缺陷和行为。因为过多地关注自身，变得和外界没有任何交流，这样下去的结果就是长大后，他们在与别人合作，或者交流情感时会很困难。

尽管带来的困难重重，但这不代表他们就不能去改变命运。只要你心灵充满积极的正能量，不断去挑战解决困难，也许就会和天生健全的人一样，没有什么差别。生活中这样的例子就有很多，虽然天生身体有缺陷，可是未来取得的成就甚至比健全的孩子还要高。

有这样一个小男孩儿，因为眼睛有缺陷总是受到人们的排挤和嘲笑，于是男孩儿拼命想要看清这个世界，他比旁人投入更多的热情和注意力在辨别颜色和形状上。最终，男孩儿竟然比那些健全人的视力鉴别还要好。曾经的劣势竟变成了自己的长处，这是男孩儿也没有想到的。当然，前提是你要找对正确的方向。

历史中，还有许多的画家和诗人也是天生缺陷，但是他们都选对了正确的方法，靠着一颗坚毅的心去克服障碍，最终拥有了比正常人更好的发展。同样的作用发生在一个更加普遍的事情上，生活中那些你不知道是左撇子的孩子。他们从小就被训练使用自己不擅长的右手，在本来就不占优势的写、画、做方面下了很大的功夫。

设想一下，一旦他们的心灵能克服这些障碍，他们就能发挥出远超普通人的技艺。这些天生的左撇子找到一条正确的道路，通过比寻常人更努力，更多地去练习和学习，他们能用右手写更优美的字，能画出更美的画，能做出更巧夺天工的手艺，成功把自己的缺点变成优点。

这些成功的孩子把自己的视线放在整体的格局上，而不是仅限于自我。当一个人的眼光局限于眼前时，就会落后。而能让这个孩子激励起来的，就是遵从自己的内心，去发现一个实现后带来的成就远远大于困难的目标。

人们永远在考虑自己的兴趣和注意力在哪儿。当你把目标放在整体来看时，你会加倍地去学，不断努力地去完成自己的目标。

这时出现的障碍不过是你通向成功路上的垫脚石。相反，如果你过多地关注在自我本身的缺陷上，你的局限就摆在那里，只是为了让自己能跳出这个缺陷的圈子，你并不会取得实际意义上的成功。单纯地希望自己不灵活的右手不那么僵硬，还渐渐开始逃避那些要使用右手的场合，那这笨拙的右手就会变得灵巧起来吗？答案是否定的。我们唯有不断地去练习，不断地去"打磨"，而且这种坚定的渴望比你练习时受到的失败感还要强，你的右手才可能会被改变。

让孩子想要成功的渴望比对自身的现状、他人甚至团结互助上还要强，将这个渴望放在自身的行动目标外，孩子就可能会成功。

至于遗传性和潜在的变化而言，有一个例子是我在探求遗传性肾病的家庭时发现的。他们的孩子普遍都有遗尿的症状。和上面的案例有区别的是这些都是真实存在的生理缺陷，表现症状可能为肾病、膀胱疾病、或者"脊柱裂"（spina bifida），多多少少也有腰椎毛病的可能，我们可以从身体上那一部分的皮肤表层和痣来判断。但是这并不是造成遗尿的唯一因素。孩子对自己的身体还不能有十足的控制，他们使用的时候都只是按照自己的思维。就像有些孩子白天不会尿床，但是晚上会。原本的习惯也会受到周围环境的变化或者家人态度的影响。当孩子们意识到自身的不足是错误的时候，解决遗尿的问题也就不是什么难事了。

不幸的是，受到不正确刺激影响的孩子们，他们大都不去尝试着解决遗尿问题，而是顺其自然。针对这一情况，不同的父母会做出不同的选择，有经验的会对孩子加以指导，没经验的可能会加剧这一情况的恶化。一般说来，在处理这件事情上，受到肾病和膀胱疾病困扰的家庭大都扛着较大的压力。

父母只是简单地去阻断遗尿，这种方式本身就是错误的。而且对于父母越不让在意的事，孩子会越在意。对于自己的这种不满他们越是去反抗，越能得到有效的锻炼。时间一长之后，孩子们必定会找到父母最大的弱点，并利用这点来对抗父母。

如果父母是在法院或警察局等相关打击犯罪的岗位工作，他们的孩子有较大一部分会成为犯罪者。一位著名的德国社会学家调查发现，教育工作者的孩子往往会更加调皮。这是发生在我身上真实的事，我还发现通常心理学家的孩子更容易出现精神问题，青少年犯罪则更容易出现在牧师的子女中。所以，孩子通过遗尿来表达自己的意愿，这就可能说明他们感觉父母过多关注便溺的事了。

梦境在面对人们潜在的行为时，是如何表达情绪的呢？遗尿给我们一个例子就是尿床的孩子在梦里会上厕所。现实中尿床的内疚感在梦中得到解放：可以放心大胆地尿了。某一行为必定会有对应的目的：都是为了能像白天一样受到他人的关注。但不完全都是这个意思，有时候会站在它的对立面，用来当作反抗的象征。很明显，不管我们怎么去理解，遗尿都是表达自己有创造力的一种方式：只是表达的器官换成了膀胱。换言之，他们以生理的问题来表达自我的想法。但是这种方法玩玩会承受较大的压力。以前作为整个家庭中心的他们现在不再被宠爱。可能是自己另一个兄弟姐妹的出现，造成父母的爱不像以前那样全心全意了。孩子就会用这种有偏差的方法来表达自己的不满，期望能重回当初父母对自己十足的爱。就像他们在心里控诉：我还是个孩子，我还需要你们的爱。

不管是环境的不同，或者生理缺陷的不同，孩子为了达到这个相同的目标会采取各种各样有效的措施。比如梦魇、梦游、想喝水、一直哭闹等来博取关注。所有这些行为的目的都一样。表现出来的症状就要受外部的条件和自我的生理伪装决定。

由此可见，心灵对于身体的重大作用。可能心灵不仅仅决定单个的生理症状，还决定着个人的整体本质。对于这个猜想我们还无法验证，更不用说要什么样的证据才能证明。但是，这些特征都已经很凸显。一个孩子内向的性格会表现在他的行为发展上。他难以想象这个事该怎么做，也就不会去锻炼身体。渐渐忽略肌肉的锻炼之后，对影响自己肌肉生长的其他东西都会忽略。与之相反的另一群孩子，他们把自己更多的兴趣放在肌肉的训练上，取得的成就也会越大。

我们可以得出结论：心灵会影响着身体的生长发展，并且我们能从身体的发展上看出心灵朝向的对与错。在现实生活中，我们会发现身体有问题的人如果找不到弥补自身缺陷的方法，整个人不满的情绪和心理就会暴露无遗。比如，人体内的内分泌腺在没到四五岁时会被影响。虽然腺体的问题不会表现在身体行为上，但在外界环境、孩子心灵的创新性，接受影响的能力和方法则会受到不断的阻碍。

角色的感受

我们通过自身活动对身边环境的影响就是所谓的"文化"，心灵操控着身体做出的一系列举动，所产生的结果就是工作。身体的生长和工作都要受到心灵的引导。所以可以看出，不同的人身上会有各自心灵打下的烙印。但这不代表心灵的重要性是唯一的。在解决障碍面前，拥有一个健康的身体也是必需的。心灵在控制整个外部条件时，是为了伤痛、疾病、意外等的发生不会降临在身体上。所以我们才会演化出辨别是非，感觉事物等的能力。

身份对任何情形的固定反应都能通过感受来锻炼。想象力和判断力都可以作为预知，而且还能反应更多，让身体可以对此反应做出合适的调整。成型后的个体感受就是采取这种方式来描绘生命的蓝图，还有预定的目标。人们身体很大一部分受感觉的支配，但是却不全靠它，自身的目标和处理的方式才是最先考虑的。

显而易见，影响自身行为的方式并不是由唯一的个体生活决定。个体态度不会导致行动，发出行动除了需要感受来加强动机外，还需要更多的配合。一个新的发现在个体心理学中产生，生活方式总是和自身感受相符合。感受会不断地去调整、适应目标。整个生物学或生理学无法做出相关的解释——化学原理和实验都无法证明这种感受来自哪里。个体心理学认为首要条件是生理过程，我们却过多关注在心理目标上。举个例子，对于焦虑这个情绪，我们不会去探求它关于感觉神经和副交感神经的关系，只想知道它有什么目的。

所以焦虑既不是人在经历可怕的出生后遗留下来的症状，也不是压抑自己的性而造成的。这些东西太匪夷所思了。孩子对怎么产生这种情绪不会在意，他们知道只要表现出这种情绪，就能让父母做自己想做的事，尤其是经常在父母的鼓励和支持下成长的孩子。对于发怒这一情绪来说也是如此，实际上，发怒是指人将其作为工具用来操控某个人，或某件事。我们都知道遗传产生的生理和精神状态，但我们去关心的东西是利用这遗传下来的东西去完成自己的目标。貌似这可能是心理学研究采用对的唯一方法。

按照个体自身的需求目标，我们让感受朝着这个方向去发展，并最终达到所有个体的计划程度。开心或悲伤，幸福或痛苦，总能体现在每个人的生活方式中：让它们展现出来的各个优秀方面都达到我们的要求。而当利用负面情绪来完成目的的人看到他人取得的成就时，是不会感到开心的。他们的快乐是建立在负面情感中。个人的观念可以随时控制感受的出现。一个对广场恐惧的人，就不会因为在家里，或指使别人而感到焦急。这就是为什么你不会看到精神病患者去接触自己控制不了的部分。

和情感一样不变的，还有生活方式。懦夫只有在面对不如自己的对方，和自己那一点可以依赖的勇气之外，还是懦夫。靠着给自己筑起的三道保护墙，懦夫依旧能厚颜无耻地宣称自己的勇敢。即使这样，还要在墙的门口养一群看家狗。谁能证明他们的焦虑？但是在这重重自我保护下，其中丑陋的个性就已暴露。

相似的证据在爱情和性欲方面也有。一旦脑海里出现了可以性爱的对象，那这种感觉就会凸显出来。为了能激起合适的性感觉，人们通过忽视掉其他和这感觉违背的兴趣，时刻去注意他们脑海里的性对象。而我们生活中知道的阳痿、早泄、性冷淡等的原因就是这些感觉的消失，说明他还沉迷在不合适的偏好当中。追究其根本原因就是不正确的生活方式，盲目的自我和错误的目标。这些患者大都只追求获得，不愿去付出，没有社会感，没有面对现实的勇气和希望。

我曾经接触过这样的一个人，他是家里的老二，常常会感到一种深深的罪恶感。事情是这样的，他在七岁时向老师撒了个谎，本来是哥哥帮他完成的作业说成是自己完成的。家里哥哥和爸爸特别看重孩子诚实的品格。三年之后，男孩儿主动找到老师坦白了一切。老师并没有责怪他。这一次他主动向父亲承认错误，父亲也没有责怪他，还夸他勇敢。但是男孩儿依旧陷在自责里。这件事里男孩儿难以释怀的自责感来自对自我品格的高度重视和家庭的压力。在面对这样一个诚实的家庭氛围下，男孩儿不容许自己的欺骗，以至于后来在看到哥哥事业上的成功，他更加自责，所以不断通过其他渠道来求得心理的满足感。

在之后的生活里，他还通过不同形式的谴责来进行自我救赎。尽管这样，在整个学习阶段依旧没有改掉撒谎的毛病，渐渐开始自慰。一旦快要考试的时候，这种内疚感越发加深。遭受到的困境也越来越频繁，过重的道德观让他心理承受的压力在逐渐加深，慢慢地超过了哥哥。每当自己取得的成就不如哥哥时，自责就成为他逃避的挡箭牌。原计划毕业后就去找份工作，但心理控制不住的自责感让他只能每天向上帝祈祷，祈求上帝能减轻自己的罪恶。这样，计划的工作也泡汤了。

后来，他的精神已经彻底到达崩溃的边缘，最终不得不去精神病院，人们都以为他无药可救了。没想到过了一阵子，他的情况竟有所好转，在保证病情复发后就立刻返回医院的许诺下，他得到出院许可。出院后转行投身艺术。本以为病情得到控制，结果在考试的前一天假日里，他又跑到教堂里去，突然就跪在大家面前，声嘶力竭地喊道："我就是时间最大的罪子啊！"结果，他脆弱敏感的心又吸引了大家的注意。

重新回到医院治疗一段时间后，他被接回家了。突然有一天，人们在餐馆发现全身赤裸的他，不过他那完美健硕的身材足以让别人眼红。

我们看到他取得满足感的方式是通过表现比别人诚实，以此来作为取消罪恶感的手段。可是他奋力拼搏的方向却是无用的一方。他能力的不足和胆小全都表现在考试和不想工作上。他心理上的精神缺陷就是为了躲避他不敢去尝试的事情。不管是在教堂里的哭喊，还是赤裸身体旁若无人地在餐厅吃饭，都以一种错误的方式来博取眼球。

生活方式决定了他的过激行为，但他这种行为的目标完全符合自我的感觉。还有一种被大众所熟知的例子，它能更确切地阐述心灵作用于身体的情形，但这种情况是短暂的。这例子就是人们的每一个身体表现都能被一种情绪解释，个体在表明自我的情感时常用能被看见的方式：外在姿态、面部表情、抑或是不安的肢体上。个体的器官也有相对的反应。人体内的血液循环出现问题，脸上会突然发红或者变白。除此之外，还有生气、焦躁、不安等情绪都能在器官上有表达，这种表达是独一无二的。

就拿害怕这种情绪来说，有的人会颤抖，有的人会汗毛倒立，还有的人会心跳加速等。每个人面对害怕时会表现不同的方式。身体的平衡也会有所改变，甚至会出现上吐下泻的症状。除了食欲，膀胱、性器官等也都会受到影响。青少年儿童产生这种性刺激的感觉往往在考试中，而犯罪分子之所以去嫖娼或者幽会情人大都是在实施犯罪之后。科学家们对此现象，一部分人认为性爱和焦躁这种情绪紧密相连，还有一部分宣称两者之间没有任何关系。当然这仅限于个人的主观意识，所以各有自己的看法。

尽管这是不同类别的人得出的结论。但或多或少都受遗传的影响。把整个家族作为研究对象，其中的某些反应会折射出人性的喜好和特点。相同环境下，整个家族成员会出现某种意义上的共通点。通过身体条件的状况，研究心灵怎样控制情绪是最有意思的。

通过人们的身体活动和外在表现，我们能了解心灵做出抉择后怎么来反应的。生气发怒时是希望问题能被解决。他们认为打压、指责对方是最有效的方法。然后身体感官受到刺激，这种愤怒的情绪会调动感官的反应。不同人会出现各自的病症，有人会胃疼，有的面部会发红。身体这种突如其来的巨大变化还可能引发头痛。经常会头痛的人，我们在其身上能看到将要爆发的怒气和耻辱。更有甚者，还会出现三叉神经痛和造成癫痫的发作。

尽管如此，我们对情绪在身体上的作用还是没有彻底弄懂，它复杂到也许永远也弄不明白。对于神经系统，心理都会产生作用，不管是自主的还是非自主的。面对不安时，做出反应的是自主神经系统。诸如咬牙切齿，拍打桌面，或者把纸撕碎。一旦不安的情绪滋生后，人们会不由自主地做出举动。最简单的例子，我们啃指甲或者铅笔头都是缓解不安的一种方式，表明我们处于未知的恐惧中。紧张不安的情绪在面对陌生人的情况更加明显，身体的颤抖、抽搐等都会引起。它通过非自主神经系统扩展到全身。所以引起紧张的情绪可能是任一种。除了上述我们提到的明显案例，还有很多不显著的。我们列举的这些都是在一定程度上受神经刺激引发的。

通过进一步深入的探讨，我们能察觉每一种情绪在身体内都有相应的表达。这种心灵和身体互相作用的结果就是身体的确切表达。作为不可分割的两个部分，心灵和身体之间的相互作用是非常值得去关注和研究的。

所以我们可以得出这样一个结论：对身体发展产生不间断的影响，通常来自个体的自我生活和对此产生的情绪。假设在孩子的少年时期就能定性他的生活方式和性格，对于他以后在身体上的表达形式，只需要我们有丰富的经验就可以判断。体格的健壮表明他勇敢无畏的心灵。他拥有比常人更发达的肌肉，行为举止更加绅士。一个人想要拥有完美的肌肉线条，身体的姿态是一个重要环节。就连面部肌肉的表现也会有所不同，时间一长，外在的全部身体特征都有变化，甚至脑袋里的骨头。

心灵对大脑的影响已然成为事实。许多病理学例子表明，有些人在左脑无法正常使用下，通过刺激练习大脑其他部分，原本消失的读写能力还能重新获得。中风或者已受伤无法恢复大脑部分的人常常如此。一旦被别的大脑部分取代，身体功能就会自主接纳、储存。

尤其在教育方面，这个例子的实用性更为重要。试想一下，心灵对大脑造成如此大的影响，但是大脑作为心灵唯一一个重要工具，我们就能不断地去研究，直到找到能优化这个工具的方法。天生的脑力再也不是作为制约人发展的因素：为了能更加贴合这个环境，我们会千方百计地锻炼大脑。

然而，一旦心灵选错了目标方向，比如在幼年时期缺失团结互助的能力，在将来的生长发育中就无法给大脑带来利益。现实生活中无法发挥自我才智或理解能力的人，幼年时合作能力必然缺失。通过成年人表达的世界观，展现出来对世界的影响，他们的言谈举止反映了在生命的四五年中对待生活的方式，其中透露着的缺陷和错误，我们就能提出来并解决。这也给我们在后来打下个体心理学研究的坚实基础。

生理种类和心理特征

有一种恒定不变的联系在肢体语言和心灵的表达关系上，大多数作家都已经证实。至于这两者在因果或如何联系的问题上，至今还没有人去调查。克雷奇默尔（Kretschmer），曾去调查个体的身体特点是如何连接并传输信息给心理感情的。通过调查，他把大多数人划分为了不同的种群。矮胖型人的特征就是圆脸、短鼻，并且伴随有长胖的趋势。

> 我愿身边的人都身体肥壮
> 脑袋溜光，通宵安眠
> 如莎士比亚书里，尤利乌斯·恺撒说
> ——《尤利乌斯·恺撒》第一幕第二场

克雷奇默尔仅仅将矮胖型人联系在这种特定的心理状态下，但是并没有去分析造成的原因。现今社会，他们并没有因为身材的矮小就处处不如别人；相反，他们能更好地生活。因为在他们眼中，自己的生理条件和普通人没有差别。他们从不会因为矮小的身板儿而自卑。即使和别人打一架，对自己的力量也同样自信。从不会把他人当作自己的敌人，也不会把自己放在危机四伏的环境里。"外向派"的叫法来自一类心理学家对他们的称呼，就这样自然而然地取名，也没有做出解释。这一叫法的来源，是他们从不会因为身体上的缺陷而焦躁不安。

克雷奇默尔划分的另一类人群，他们有着高挑的身材、脑袋是蛋形状的、鼻子长长的，和矮胖型人完全不同，他们是神经质型的人。外表就和孩子差不多。他认为这类人的性格是高冷、内敛的，稍微受到点心理刺激，就会进化成精神分裂症病人。

那个卡西乌斯看上饥饿消瘦。

他思虑太多，这样的人很危险。

这就是恺撒对这群人的描述。

——《尤里乌斯·恺撒》第一幕第二场

一旦受到身体缺陷上的影响，这类人表现的自我悲观意识更强烈，也更"内敛"。尤其是在得不到别人的关心和帮助时，他们这种痛苦、猜忌的心理特征会更加严重。但是现实生活中，还有许许多多的混合质型人，即使积极向上的矮胖质型人也会有进化成神经性质人的可能。克雷奇默尔也说过，一个很容易造成他们胆小、懦弱的因素，就是外界的成长环境。在计划性的打压之下，孩子们就可能成为神经质人。

长时间的经验积累表明，在人与人之间的合作关系上可以从各自的表现方式来判断。通常人会不由自主地去寻找这种信号。合作的关系虽然没有科学的解释，但是直觉告诉我们要在这没有章法的生活中找到自己的方向。尤其在大变革时代来临，心灵已然发现这种趋势并向前推进。这种推进来自人的本能，所以常常会犯错。人们总无法接纳身体特征突出的人，看到相貌丑陋或者身体缺陷的总会躲得远远的。潜意识里，人们在合作时就会自动删掉这群人。根据自己的个人经验，很容易犯这种错误。基于身体的缺陷，人们还无法找到帮助他们合作的方法。身体缺陷在人们眼中被无限扩大，最终成为众人眼中的牺牲品。

由此得出结论，儿童表现出自我的精神诉求，身体和心灵之间内在联系的确定都是在最初的四五年中。成年后的生活方式定型，各自有着彼此对应的身体条件、情况和特征。合作能力的确立也融入在固定的生活方式里，为以后我们对他人的理解和评判提供依据。造成失败的原因是缺乏合作能力。理解不了什么是合作能力，这就是心理学的又一定义。个体生活态度穿插在整体心灵中的所有表达情绪中，生活方式和思维情感也一模一样。当个体利益和情感发生冲突时，改变情绪是没有用的。情绪只是生活方式的外在表现，要想解决这个问题，只有改变生活方式。

教育和治疗的未来都能从个体心理学上得到提示。心理学的真正工作：不可单一地看到事物发生的表象，要去找出他们在生活方式中犯下的错误选择，他们是如何看待个人经历及其在生命中的意义，面对周围环境的影响时采取怎样的方式来应对。真正解决问题的心理学家并不是想看他们在被挠痒时笑的程度，也不是为了试验他们跳多高而用针扎。尽管如此，现实世界里还有很多人会这样做，虽然能告诉我们这个人的心理情况，但是也就仅仅局限于提供了这一个体的生活方式罢了。

相对于个体心理学，研究另外对象的心理学家，偏向在生理和生物学上。心理学最适当的研究对象和调查方面就是生活方式。同样适用的还有研究遗传性发展的人，或者研究生物应激性并追踪其反应经历造成的影响。但在个体心理学面前，精神本身，即完整的心灵才是研究的对象。研究的是个体看待生命意义，确立目标方向和怎样处理问题的方式。对合作能力的调查是目前最好的渠道。

第十章

青春期心理

青春期的定义

写青春期的书有很多，每一本几乎都将它作为一个人性格塑造的关键期。虽然这阶段危险有很多，但还不至于决定一个人的性格。成长中的孩子在青春期会面对各种困难，这些困难和挑战让他们认为自己就是时尚的前沿。这一时期孩子们生活方式中没有发现的错误很容易显现，只有经验丰富的人才会察觉。青春期会将这些隐藏的错误扩大到必须去解决的地步。

心理特征

青春期一个最显著特征：知道自己不再是小孩子了。可以的话让他们尽可能发觉。这样在面对压力的时候负担就会小很多。一旦想要证明自己已经成熟，那他们就会出现过激的行为。

青春期的许多行为都和成人有关，比如展示独立、成为男人或女人的渴望等。所有的这些来自孩子对"长大"的解读。孩子们跨越一切规矩，是因为"长大"要拒绝捆绑。这种例子非常常见。抽烟、喝酒、打牌、夜不归宿等行为司空见惯，甚至出现孩子顶撞父母的行为，父母们还不知道为什么以前懂事的孩子突然间就变成这副模样。实际上他们的态度并没有发生变化。孩子们只是将心里一直压抑的情绪在这个时期表现出来，似乎青春期给了他们可以抗衡的勇气和自信。曾经有一个孩子常年被父亲斥责打骂，平常的表现就是一个懂事安静的人，可他内心只是在等待一个机会，等一个能够挑战父亲权威，并回击的机会。只需要有足够的力量和自由就会毫不留情地离开父亲。

父母认为青春期的孩子不必再时刻看管了，应当给予他们更多的自由和空间。要是还像小时候那样去管教的话，孩子们就会竭尽全力挣脱束缚。正所谓道高一尺，魔高一丈。孩子在青春期总会表现出和父母期望的不一样。今天我们所听到的"青春期叛逆"就是两者互相斗争的结果。

生理特征

现在，人们普遍认为青春期发生在十四岁到二十岁左右。但是这个并不是最科学严谨的划分。有些孩子在十一二岁就进入了这个阶段。孩子身体感官都在渐渐发育，肢体的协调性会出现不顺畅的行为。虽然四肢的生长在加快，但是灵活度却在降低。在协调肢体的过程中，如果受到别人的讥讽和嘲笑，他们就会产生自卑的心理。这种心理会导致他们成为笨手笨脚的人。

青春期的孩子，体内的内分泌腺尤其活跃。这并不是质变的过程，在婴幼儿时期就已经开始，只是现在分泌的量变得程度更大，第二性征也开始显现出来。女孩身体开始丰满，女性特征更为明显；男孩声音低沉浑厚，胡须也开始生长。这些第二性征的表现很容易让青少年误以为自己长大了。

成年挑战

面对友情、爱情、亲情和事业时，因为提前没有准备会导致他们不知所措。对以后的生活没有目标和方向。即使在人群中，他们也像在家里一样，更喜欢独处。事业中，对什么工作都不感兴趣，觉得自己啥也干不好。对待异性时，会尴尬不知所为。面对异性的问答难以启齿。情况一天天地在不断恶化。

甚至于极个别现象中，某些人还无法面对生活中的各种困难，也不被人所认同。除开一些身体本能的行为外，他们与外面的世界断绝任何往来，什么也不想，什么也不做，把自己关在幻想的牢笼里，形成这种错误的状态就是精神分裂者。这本来是可以避免的，假如一开始我们就为他们指明正确的方向，给予他们关怀和帮助。因为是改变他们原有的整个错误经验，整个过程会显得困难重重。而且从科学的角度辩证分析他们的人生，不单单是从他们自身思维出发。

人生的三个大任务，一旦准备不充分必会造成威胁。孩子们在面对陌生的未来时，总会寻求最简易省事的办法，结果往往都没有用。越被批评指责、越是如履薄冰，其结果往往适得其反。不能鼓励赞扬孩子，父母做出的一切努力都会成为伤害，并且还在无形中加重这种伤害。深处恐惧的深渊里，他们连给自己加油的勇气都没有。

青春期问题

一、被溺爱的孩子

青春期如果过度关爱孩子，就会在成年后造成生活的"失败"，他们习惯了接受所有安排的事，只知道去执行就好，一旦这些被宠爱的孩子走上社会，这种压迫感会造成他们的悲剧。就像孕育在温室里的花朵，外界环境轻微的震动都会让他无法生存，习惯了成为父母世界里的中心，这种生活会让他们感到难以接受。

二、留恋童年

这一时期的人会想要回到儿童年代。他们喜欢待在比自己年幼的人身边，学习婴儿说话，好让自己可以永远孩子下去。大部分的孩子模仿成年人的行为举止。即使不勇敢，也要强装勇敢，你会看到他们处处招蜂引蝶，铺张浪费。他们认为这就是成年男子会做的事，但其实他们只是一群卡通版的大人。

三、小偷小摸

一些性格外向开朗的人在对待现实生活中的方方面面时，缺乏对人生方向的正确认识，就会导致罪犯的后果。没有人发现他们做的坏事，他们就会自诩聪明，就会继续下去。特别是在生活问题上，更是如此。所以，各种层出不穷的违法行为发生在十四岁到二十岁之间。这种变化也不是突然就出现的，童年生活方式中的小毛病在巨大的压力面前开始显现。

四、神经质行为

对于比较内向的孩子来说，神经质的出现就是他们的解决办法，所以出现相应的神经性疾病和功能失调。每一种症状，都是他们在保证自己优越感的前提下，借此解决问题的理由。个体在面对社会问题时，找不到相应方式解决的时候，神经质问题就发生了。生理体质在青春期对困境的应对中尤为灵敏，基本上可以引发身体里所有器官的反应，然后传输到神经系统。犹豫和失败都是这样。通过患病来达到丢弃自己的责任，这是所有人都希望看到的结果。于是乎，神经质就发生了。

他们心里或许都有美好的愿景。愿意承认生活情感和人生价值的问题。但是这些简单的需求在神经质人身上得不到体现。从他们的角度来说："我也很想解决这个问题，可是我做不到啊。"相比那些有着明显犯罪意图的人，他们的社会感情发生了掩盖和隐藏。至于谁对人类利益威胁更大，那就难以判断了。动机善良的神经质们，行为却让人心寒，就连同伴也要时刻提防，小心被算计；至于罪犯，他们一方面表现出自己的想法，另一方面又要埋葬自己的人性。

五、矛盾的期待

形势在这一阶段的转变尤为突出。工作和生活中遭遇失败的是那些寄予厚望的人，而超过他们的人是那些一开始资质平平却后来居上的人。他们开始显现自己令人惊讶的才能，和之前一比并不违背。被寄予厚望的人在失败面前，压力开始增加。有人支持和鼓励还好，但是一到了单打独斗的时候，他们就会丧失信心，垂头丧气。另一群人则在新兴的鼓舞欢呼中，昂首阔步迈向自己的康庄大道。各种天马行空的计划在脑海里迸发，他们积极阳光，开朗自信。对于这部分来说，独立学习并不是成功路上的绊脚石。相反，它激励着孩子取得更大的成就和发展。

六、寻求表扬和称赞

曾经被忽视的人，在找到如何与他人建立合作关系的基础上，他们渴望得到别人的认同。急切渴望能够被接纳。男孩儿和女孩儿都是如此渴求他人的关注，只有这样他们才能找到自我实现的价值。所以青春期的女孩儿容易成为被骗的对象。尤其在家里得不到别人的认同，她们可能就会通过发生性关系来证明自己，表达她们也能成为别人关注对象的虚荣心。

比如说，一位贫穷家庭的女孩儿，从小哥哥身体就不好，母亲因此忽略了女儿的感受，把更多的精力放在哥哥身上。加上她幼年时爸爸也患病的情况，造成妈妈对她的关心进一步减弱。

女孩儿对妈妈的关爱很渴望，可是在家里无从获得。后来父亲康复了，但是妹妹的出生又剥夺了母亲的爱，久而久之，女孩儿认为自己在这个家里竟是唯一不被关爱的人。她从小拼命学习，努力读书，初中因为优异的成绩被举荐进高中校园。可是学校的老师都知晓她的情况。由最初适应不了新环境下的模式，到后来成绩急速下滑。老师也不由分说地教育她，一次次的被伤害和不理解，女孩儿再也找不到重新振作的理由。她会怎么办？开始在其他男人身上寻找能欣赏自己的，渐渐离家出走和这个男人同居。家人意识到情况不对开始四处寻找。很快，她发现这个男人还是欣赏不了自己，内心感到后悔。

接下来事情恶化到最后一步，她给家人留了一句话：不用来找我，我已经吃了毒药，我觉得很快乐。实际上，这只是女孩儿编造的一个谎言，她这么做的目的只是希望能引起父母的关注。只等到母亲来带她回去。如果这女孩儿能早早发觉她做的一切都是为了能被欣赏，就不会搞出这么多事来了。高中老师如果更关心这孩子，后面这些问题也不会发生。曾经那么优秀的一个人，老师们假如能发现女孩儿的心理诉求并及时关心的话，也不至于这么垂头丧气了。

另一个例子中，女孩儿的父母生性软弱。母亲对女儿的出生不满，因为自己重男轻女的思想，她没有正视女儿的重要，从小到大，听到最多的就是"这孩子小时候就这么丑，长大了怎么嫁得出去？"或是"以后她的生活该靠谁呢？"诸如此类的话。女孩在这种环境下生活了十年，一个偶然的机会她发现了母亲的朋友给母亲写的信，信里全是怎样安慰母亲的话，还劝母亲再生一个男孩。可以想象，这对女孩儿心里造成多大的伤害。几个月后，女孩儿去拜访乡里的叔叔，成了乡下一个残障男孩儿的情人。后来男孩儿和她分手了，女孩儿却从此走上错误的道路。等我认识她的时候，女孩儿交往了很多情人，但是每一段恋情，女孩都得不到赏识。等到她连房门都不敢出的时候，她已经患上了严重的焦虑症。每当得不到赏识她就会进入下一段感情中，以自己的伤痛来要挟家人，甚至以死相逼，迫使家人必须听她的话。

七、青春期性欲

男孩儿女孩儿都会过分看重性关系，来证明自己已经发育成熟。一名女孩通过泛滥的性关系来达到对抗自己母亲的后果，表明自己不想被控制。母亲知不知道无所谓，但是母亲知道后焦躁不安那就最好了。青春期的女孩儿在和父母吵架后常会和别人发生性关系。有的家教良好，人们根本不会想到她们是这样的人。这些女孩儿确实不是本质恶劣，而是在不被人赏识时，只有通过这样才能自己掌握主导地位。

八、男性钦羡

被宠爱的女孩儿会发觉自己不像女孩子。中国有着数千年男性主导女性的地位，于是这些女孩儿变得讨厌女人。所谓的"男性钦羡"（masculine protest），在她们身上就显而易见。这种感觉的表现形式五花八门，有时仅仅是对男性的逃避。即使这些女性喜欢男性，但是在有男性的场合，她们就表现得很不自在，更别说参加男人的聚会，对性问题也唯恐避之不及。长大后，一方面宣称自己要找到如意郎君，另一方面又拒绝去接触异性。

青春期阶段，这种对女性角色的厌恶会更强烈。她们会故意做男孩子干的事，例如抽烟、喝酒、打架等。模仿的目的还被用来当作和异性交往的借口。

再严重点，就是滥交和卖淫。任何一个出卖自己肉体的人她们相信在自己小时候就不招人待见，甚至自觉低人一级，是不配得到异性的真爱。长此以往，她们就会走向自我毁灭，将性关系作为一项生存技能，并且排斥自己女性的角色。这种结果也是因为青春期的量变导致，很多孩子在幼年时期就有这种倾向，但是在孩子眼中，没有能表达的方式，也没有想要表达的欲望。

男孩儿同样也会有"男性钦羡"。将男子汉定性为拥有过高的男子气概，他们也会在心底产生怀疑。中国文化加诸在男孩儿身上的影响和女孩儿一样，更不用说对自己角色定位尚不明确的人来说了。许多孩子都曾以为自己的性别在某些时段会发生改变。所以，明确自己的性别角色在两岁时至关重要。

尤其外形上像女孩儿的男孩儿会有一段困扰期。抛开陌生人不说，有时候家里的人也会说"你为什么不是一个女孩儿？"这种话。孩子听多了以后会对自己的外貌产生自卑感，等到孩子长大后在面对爱情时就会把这看成是自身的缺陷。男孩儿一旦无法明确自己的性角色，青春期阶段就很容易误入女性视角。之后的言谈举止也会变得女性化，日后就会演化成一个搔首弄姿的女子般的人。

我们定型的时间

四五岁时，我们对异性的观念就开始养成。婴幼儿阶段的孩子的性驱动力就开始呈现，不过那时在有导向的疏通面前，我们可以不去管束，在没有被刺激的状态下，表现出来的状态不必刻意在乎。婴幼儿对自己的身体好奇，到处摸摸看看也无大碍，但我们可以渐渐将孩子的注意力导向在外面的世界中去。

　　如果我们发现阻止不了孩子的这种行为，那就另当别论了。这就表明：孩子们的这些举动都是有目的的，有自己想要完成的想法，不单单与身体的性驱动力有关。幼儿也能察觉父母对自己的关心是怎样的，他们为了争得父母的注意力而学会去控制他们的举止。一旦发现这些举止再不能被引起关注，他们就会放弃。

　　接触他们务必要小心翼翼。在没有引起孩子反感的生理反应上，简单的拥抱和亲吻都是可以的。我时常能听到成年人跟我说，小时候在父母的书架上发现色情书籍或光盘。做父母的应该避免孩子接触到这类事情上，这为以后孩子的性欲发展会减少很多误区。

　　在上文中我们提到另一种刺激，就是不断地向孩子传递错误的性知识。人们担心孩子会面对性知识一无所知，所以不断地进行性教育。可是看看我们周围的人就知道，这种说法太过耸人听闻。我们在进行性教育的时候除非孩子有这方面的了解欲，不然切忌过早去传递性知识。关心孩子的父母在孩子有这个征兆时，就会发现。建立在父母和孩子亲密的关系上，父母就要简单明了地回答孩子提出的性问题。

　　还有一点，就是父母不应在孩子面前太过亲密。女孩儿尽量不要和异性的兄弟睡觉，孩子也不要和父母同睡一张床，甚至同一个屋。父母应该时刻关心自己孩子的生长发育，连孩子性格发育如何都不知道的父母，也不会知道孩子受到什么样的诱导。

期待青春期

人们总是会把具有深刻意义的某一阶段，当作是重要的转折点。所有的社会言论中，青春期似乎是一个特别而又神奇的过程，还有绝经期。但我们都知道，它仅仅只是作为一个生活的过渡阶段，没有什么重要意义，更谈不上显著的变化。人们希望在青春期能获得什么、有什么意义以及怎样来面对才是最重要的。

孩子们面对青春期的时候会自乱阵脚。我们如果能够正确分析孩子的这一现象，就会发现他们害怕的只是不知如何去改变自己来适应新的生活。这些错误的价值观都是强调青春期是象征完结，孩子们不再被需要去团结合作，也没有人会在乎他们的感受。这类感情的偏向就是孩子们经常面对的苦恼。

孩子一旦学会自我在群体中平等的地位，而且能为群体的发展贡献自己的力量，正视男女之间的关系差异，那么他们的创造力就有无限可能，也能在处理问题上更加独立自主。如果孩子不能正视青春期的自由性，以致产生自卑和误解，就会茫然不知道该怎么办。有的孩子只有在被支配的时候才知道自己能做什么，一旦自由了，反而却什么也做不好。

第十一章

儿童和社会

社会属性告诉我们，我们生下来就带着某些必然的责任，这些责任影响着我们的生活法则和方式，甚至心理的发育。

社会的一项自然特征将人类划分为男性和女性。要是个体的生命冲动获得满足，拥有幸福和安全感，就必须和异性在一起，单独的一方是没法获得的，两者之间的关联产生于社会的自然特征中。

儿童长大的过程是漫长且有迹可循的。人类必须依赖社会才能生存，社会给人类提供保护伞。

分工合作是劳动人民必然的趋势，它大大增强了人们间的相互联系。和谐、稳定的工作需要人们的互相帮助，要求我们共患难、齐分享。下面我们就以刚出生的婴儿为例，来讲一下个体在环境中的影响。

婴儿所在环境

社会对婴儿成长提供帮助，我们能发现：一方面社会在给予我们需要的东西，另一方面社会索取人们的自主适应力。孩子在发展自身能力过程中，必然会受到挫折，其中就会产生负面情绪。山外有山，人外有人。孩子们在幼年时会发现，身边比自己有才能的人比比皆是，他们有很高的理想和远大的抱负。心灵作为一种综合器官维持机体的正常运作。有一个原则是付出最少、收获最大。在这个时间内，心灵要为孩子以后的生活打下基础，事先就得评判周围的情况。看到在别人强制的命令下，人们或搬运重物、或为其开门，孩子的心中就会生出这人有非凡的本领，希望自己也能像他一样拥有权力和力量，并将他人和自己身边环境的掌控作为一个以后的目标。而且，孩子还发现因为自身的软弱，大人才会对他百般呵护，就是能力不足的表现。

因此，他从中掌握到了两种操控他人的方法，一种是对力量和权力的维系，另一种是孩子感受到的成人行为方式。分别表示两种心理倾向和性格类型。孩子通过第二种方法表现自己的柔弱，目的就是让大人能够给予帮助。

人的性格形成于最开始的那几年。其中一部分孩子通过表现出能力不够来获得他人帮助；另一部分则展现自我力量和技术，赢得他人的赞美，作为自己的目标。通过孩子各方面的言谈举止，我们能判断出孩子属于哪一种性格；通过孩子的成长环境，我们才能真正掌握孩子性格的特征。

每一个孩子身上都有环境的烙印。这些环境千差万别，我们这里讨论的就是那些不友好的环境。这时期，孩子的各方面都还未发育成熟，处在这种不友好的环境下，孩子会产生被世界排斥的心理压力。如果在成长的过程中我们不去调整孩子的这种不健康思想，任其发展下去的话，孩子长大后的行为方式就会出现偏差，尤其是在遇到困难时，这种敌对心理更加明显。有身体缺陷的孩子，诸如行动不便，身体某一部分不正常、体质弱等，一旦出现这种状况，会采取和健康的孩子完全不同的应对办法。

孩子很难去正视这个世界。不光身体上的缺陷，还有复杂多变的环境也会造成同样的影响。身体上的缺陷对孩子成长直接造成各种伤害，而环境的不同则造成间接伤害，通过对孩子提出的不同要求。所谓近朱者赤、近墨者黑同样适用于环境。孩子在悲哀、沮丧的环境下会感到身陷囹圄，悲观的氛围也会造成孩子的悲观。很多孩子会因为欠缺感而鼓励发挥出自己的巨大才能，为了以后的健康去塑造自己，弥补自己的缺陷。

困境的作用

困境不会等孩子做好准备之后才发生，它出现在孩子成长发展的任何时候，孩子们在没有准备的情况下很容易犯错。不过一般来说，困境都不会给孩子足够的时间来准备，在自身还没发展完备之际，就要求孩子必须尽自己最大的努力去适应这些困境。孩子在面对不同困境下的各种错误时，如果能自我反省并不断去寻找正确的解决方法，就能取得进步，而这个尝试的过程贯穿在整个人生当中。观察孩子在特定的环境下做出的反应，根据这一点我们能清楚发现孩子们的内心世界。在整个研究过程中，我们要做到视情况而定，不能一概地按照固有模式去做，不管是研究个体还是社会，都理应如此。

通常情况下，孩子感知社会的情况受到歪曲或者阻碍，都是成长过程中心灵受到的困难。这些困境一部分由孩子自身的问题所导致，另一部分则是由外界环境因素导致，如社会、家庭、经济等。维系人类文明最基本的前提是发育完全而且健康的身体。身体的缺陷会造成孩子在处理事情方面要弱许多，比如较晚开口说话和学会走路的、运动神经不发达的、大脑发育延迟等都属于肢体笨拙。大家所知道的就是他们行为缓慢、动作不灵敏、常常不小心弄伤自己、反应慢半拍等。

世界是健全人创造的，他们在这里面就会感到处处碰壁。反过来还会因为自身条件的不足而常陷入困境。只要不是精神上的伤害，随着后期人们的帮助和治疗，他们必然可以使自己身心健全，但是有一个不可控的因素，就是经济条件。所以那些身体有缺陷的孩子为什么会难以接受现实生活中的固定法则，也就不难理解了。一旦有机会靠近，他们会怀疑这是否是真的，总是犹豫不决。渐渐会逃避责任，变得不爱说话、孤僻。生活中的某些不平等现象在他们眼中甚至还会被夸大。自然而然地，相比于事物光明的一面，他们更多接触阴暗的一方，总的来说肯定会对这两者都重视，他们总给人一种不达目的不罢休的感觉。他们希望能得到别人的关心，但是自己又不关心他人。

因为身上担负的责任会迫使着人们去努力拼搏进取，但是在他们眼中，这些都是困难。总是以一种敌对的姿态来看待周围的世界，他们在身边筑起高高的城墙来隔绝外界的交流，并且越来越高。处理问题的时候就会越来越小心翼翼，到最后与现实真理相去甚远，所以他们在困境中会越陷越深。

孩子在父母那里得不到关爱，就会陷入相同的困境中，孩子得不到健全的发展培养，就不能理解什么是爱，进一步加深自我的执拗情况，在了解爱的道路上越走越远。长期处在这样的一种环境下，孩子们就会形成一种不正确的人生态度，等到以后，在面对爱和情感的问题上，就会选择逃避，而他们也无法表现这样一种爱。甚至有的父母和老师在教育孩子的问题上也有失妥当，许多不礼貌、恶搞、怯懦的观点都会让孩子形成上述的不健康行为。尤其是在爱和柔情面前，孩子们一旦受到嘲笑之后，心灵就会造成巨大影响。

在他们眼中，爱的表现是荒诞的、可笑的、不值得的，他们会逃避向他人表达爱。这似乎会把他们囚禁起来，正常的爱和关心会被贬低，索性他们拒绝去接受。童年的阴影在他们心里已生根发芽，长大后再想去改变这种现状，谈何容易。长期处于这种被压迫的环境下，孩子会变得不愿接触生活，把自己封闭得严严实实，最后变得胆小怕事，但是孩子的心灵成长必须要在这样一个关键的时期里进行。偶尔身边一个人过来和他搭话，他都会对那个人掏心掏肺，迅速建立亲密的友情。所以长大后的这些人，身边只有一个朋友，而且还是唯一可以正常交流的朋友。在之前的一个故事里，小男孩就是要面对人生所有的困难。因为母亲在有了弟弟之后，他发现自己被忽略，所有后面他做的事都是为了弥补这种被忽略的感觉。他整个一生受到的教育都很压抑。

柔情对教育来说过多过少都不行。陷入困境的孩子不光有被遗弃的，还有被溺爱的。从小受到身边人对自己过多的宠爱，他们接受不了其中一个或多个和自己分开。父母过多的付出，在孩子眼中就表示你必须时刻要对我负责。对孩子来说，一旦想要做什么时，只需要说："爸爸妈妈，我爱你们，你们必须要为我去做这件事。"这种情况在现今许多家庭都已然成为一种普遍。

在孩子的互相交流中，孩子一旦看到别的父母也有这种表现，他们就会在自己父母身上，表现更多的柔情来获得，做父母的也要防备过多关注在单个家人的孩子身上。同样的道理在教育的过程也一样。孩子会采取错误的方式来从他人身上获得柔情。方式手段更是无所不用其极，打小报告、在背后嚼舌头根、甚至打压自己的兄弟姐妹。为了能成为父母眼中的好孩子，他们要努力迎得父母的喜好。为了让父母更多地偏向自己，他们甚至怂恿自己的兄弟姐妹犯错。他们还会通过某种行为来给父母施加压力，借此来成为众人眼中的焦点，并且在其他孩子面前炫耀。如果是态度懒散或者行为乖张，那就说明他只是想引起父母的注意；假如他表现得很要强，那就说明他想要获得关注，对他自身而言，这种关注就是一种变相的鼓励和支持。

由此得出的结论是：一旦心灵选定了方向后，就会不达目的，誓不罢休。孩子在达到这个目的的过程中，可能会成为榜样，或者犯错都有可能。有这样一种情况，很多孩子聚在一起玩的时候，总是在一群优秀的小孩旁边会有一个特别调皮的孩子。就个人而言，第二种孩子才是聪明的。

现实中还有很多孩子成长的过程是一帆风顺的，成长路上的障碍都被看似友善的行为除掉了，我们可以想象，没有经过苦难的孩子能力会有多差。这类的孩子其实和被溺爱的孩子一模一样。本应自己面对的未来和应承担的责任，都来不及准备和面对。不知怎么去联系想要亲近自己的人，也不知道怎么和一路经历磨难却总是社交不好的人交流。因为从没有经历过这些困难，也就不知该用什么身份去面对现实。远离了家庭这个港湾，在现实的挫败和困难中他们必定会无法适应，被溺爱的孩子也一样。

所有这些都是造成孩子内向的原因，只是表现程度不一样。比如说，和肠胃健康的孩子相比，在这方面有缺陷的孩子就会有不同经历，他们就会对摄取的营养特别看重。孩子的器官有问题，他们的生活方式也会有变化，更多地会倾向于独自生活，不与外界交流。个体和环境之间的必然联系可能看不清，有的孩子甚至还会主动割裂这种关系。对他们而言，要去和陌生人交流很困难。要么他们看不上这种游戏，要么他们心生羡慕，再或者就是觉得自己技不如人。不论过程怎么样，最终他们都会回到自己的屋里，沉浸在自我编造的幻想里。

性格内向的人也可能受过良好教育，他们看不上任何东西，觉得让人提不起任何兴趣。在所有困难和痛苦面前，一些人会选择忍受，另一群人会时刻备战，随时准备去战斗。在他们眼里，生命是苦难的、是沉重的。那么，对于为什么有的人总要和身边的人保持距离，以此来划分自己的个人领域和独立人格。我们可以猜测，他们对外界环境时刻保持敌对状态，所以总会如此紧张不安，并且小心翼翼。每次面对困难时都会选择逃避。

所有被溺爱的孩子都有一个共性，那就是他们的注意力都在自己身上。社会感在他们身上无从体现，我们能看到的更多的是悲观主义。要想得到幸福的感觉，他们必须改变自己行为方式上的错误。

人类社会属性

通过对所处特殊环境的研究，我们可以了解到一个人在社会生活中的地位，扮演的相关角色是什么。地位是指人在面对周围环境时和对待他人、生活的态度，以及在整个宇宙中所处的地位。工作、社交还有人际交流等都是人们生来就要考虑应对的事。人生态度的反应其实就是外界环境作用在人身上的印象，而且还具有不可逆转性。它形成在婴幼儿时期四五个月的时候。在婴儿时期呈现的行为模式带有自我的个体意义，这种行为模式随着成长的发展越来越清晰明了，并将此作为和其他婴儿区别的重要条件。孩子越长大，社会关系作用在心灵上的影响越深。人们天生的社会责任感，孩子为了得到关爱向成人拼命靠拢就是最初的体现。弗洛伊德说过，孩子会把他人作为自己永久的钦慕对象，身体只是临时的。

他还说，性冲动的欲望和表现方式会随着时间改变，基本上只有两岁后的孩子会把性冲动通过语言来传达。除了只有孩子的神经系统出现问题外，他的社会感才会消失，社会感会从孩子出生起就一直伴随着，而且是相对稳定的。当然，我们也不排除社会感会发生变化。在某些情况下，会扭曲、会阴暗、会延伸、会放宽到从自我到家庭，再到社会，到民族，它的范围也在一步步扩张，最终扩散到整个宇宙范围内。所以，我们可以知道，社会属性是人人生而必备的。了解这点，对我们研究会有帮助。

第十二章

犯罪心理及预防

了解犯罪心理

我们通过个体心理学知道了各色各样的人，并且彼此之间也无差别。所有罪犯行为的失败模式，和诸如神经病、变态者、问题少年、自杀者等身上表现出来的情况大相径庭。他们有一个共同点，在处理人生问题时都失败了，并且他们的失败还都一样，不是对社会失去了信心，就是性格变得冷漠。就算这样，他们在人群中的表现独一无二。世界上没有绝对完美无缺的人，不可能做到和他人完美地交流，并且成为情感的榜样。犯罪者和普通人的区别就在于对待这个失败的问题的程度上。

一、人类的优势追求

首先我们要了解一点：我们都想有一个目标能让我们达到健硕、自信、圆满的状态，来克服即将面对的重重考验。这方面，我们没有什么不同。所以才会被认定是为了追求安全感。还有的人将其称为自我保全，但是在这样一个过程中，贯穿了从弱小到强大、从失败到胜利、从低到高的一个向上拼搏的主线里，每个人生命中都有一条这样的主导线。从生命的开始到结束，我们在这颗蔚蓝色的星球上，不断克服困难，一步步前进，这就是生活。不仅我们有，犯罪分子也有同样的思想。

他们表现出来的行为和态度，在面对困难的时候，不断去克服、去解决、力求成为主导。导致他们成为犯罪者的，不是目标，而是方法。不了解社会生活对人们的渴望，不去关心社会人的幸福，最终走上犯罪的道路。这样的话，我们就能理解他们的所作所为了。

二、环境、遗传与改变

我必须要特别提醒的是，一些人将他们看作异类，排挤在普通人之外。某些科学家发表言论说他们是低能儿。还有的人说这些犯罪分子生来就是必定会犯罪的，生性本恶，将其强加在遗传的因素上。还有人认为："一日犯罪，终身都会犯罪！"这些荒谬的观点都是错误的。好在人们没有相信这种说法，不然的话，犯罪问题可能永远得不到解决。尽管我们是如此的迫切。所有这些问题表明我们要去采取行为来解决，而不是在那里唉声叹气："都是天生的，改变不了。"

环境和遗传都不是决定一个人成为犯罪分子的决定性因素。就连从小生活在一起的双胞胎都有可能性格迥异。有时，那些良好教育背景下的家庭也会产生罪犯。而那些落魄苦难的家庭也不常是坏孩子，品行端正的人同样会有。更何况，还不兴人家悔过吗，有些罪犯在三十岁之后就突然转向良民了，这种现象犯罪心理学家们也难以给出科学的解释。罪犯要是真的天生就携带这种倾向，或者在幼年时期就已经深深扎根，这种突如其来的变化就很难解释了。但是我们就能想明白：或许是因为身体已经禁不起折腾；又或者是他们已经得到自己追求的东西；再或者是原本的生活压力或者负担突然消失，找不到再去犯罪的理由等情况，都可以让他们放弃继续犯罪的欲望。

三、童年影响和罪犯的生活方式

唯一的改造罪犯的办法，就是了解他们在童年时，发生了什么影响和他人交流合作的事。曾经这一领域我们完全看不清，现在因为个体心理学的原因我们了解了很多。儿童性格基本定型是在五岁左右的时候。诚然，外界因素和遗传都会作用在孩子身上，对于孩子给世界带去了什么影响，以及经历的事情和怎么向他人学习的，我们都没有去注意。对于遗传而来的身体问题，我们对此都不了解，而这正是我们可以作为研究的切入点。我们要去注意的东西就是他们在这种环境下造成的结果，以及是如何应对的。

假如非要给他们找个犯罪的借口：那就是他们也有这个合作能力，但是社会满足不了对他们的要求。对于孩子的兴趣，父母必须要去了解，而且还要让他们学会去沟通交流。要让他们对未来生活和人类社会感兴趣。可偏偏有的父母不愿如此。也许是自己婚姻的不幸，感情的破裂；又或者是对孩子过分地宠爱，不让他受一点委屈；更或者父母一方为了自己的私欲。这样的孩子怎么会有独立的能力，又怎么能学会和他人合作呢。

不光是社会兴趣，还有其他方面也同样如此。家中的孩子对父母所偏爱的那一个总是会有排斥，别的孩子都不愿对他友善。一旦孩子对这种现象产生错误偏差，就可能发展为犯罪的导火索。同样，如果家中有一位特别优秀的孩子，其他比不上这个孩子的就有发展成为问题儿童的可能。相反，家人的次子女深得父母喜爱，那么老大就会有感情缺失。这类人也是最容易受欺骗的，他们常常会固执己见。在反抗的过程中不断去寻找证据，结果行为方式越来越偏离。后果当然是父母加倍的苛责，可是在他眼中：恰恰证实了自己就是被抛弃的那一个。如此恶性循环下去，他开始盗窃，结果被抓住，又被父母打骂，最终错误地证明了自己的想法是正确的。所有人都在排斥他。

而孩子社会兴趣的缺失，很大程度上来自父母对现实生活的抱怨。对邻居的指责和谩骂也会对孩子造成同样的影响。他们长大后都可能对身边的伙伴产生敌对的看法，更不用说会威胁自己的双亲了。一旦社会兴趣被隔绝，人的自我膨胀就开始了。孩子们一般就会疑惑：凭什么不是别人来服务我？这样的思想就会造成他们凡事犹豫不决，一旦找不到解决的办法就只有通过最省时省力的方式。只有通过战斗来获得胜利，既然是战斗，那么牺牲也就在所难免。

接下来就让我们看一个例子，了解犯罪是如何一步步发展的。有一户家庭，小儿子是家里的问题儿童。从外在表象上来看，他的身体没有任何缺陷，遗传也没有问题。父母宠爱的是哥哥，兄弟俩就像一场比赛中的两位选手，弟弟时刻都想超越哥哥，想要取得超过哥哥的成就。过程中，他整个的寄托就是母亲，为了得到母亲所有的爱，他放弃了所有的社会兴趣。尽管如此，他依旧赶不上哥哥，两人在班级里，一个名列前茅，一个却是吊车尾的。

他强烈的控制欲在老女仆身上发挥得淋漓尽致，经常会对她下达各种命令，把她当作士兵使唤得团团转。老女仆也心甘情愿听这个二十岁的孩子的命令，满足他首领的支配欲。常常担心自己能不能完成任务，最后什么也干不了。一旦陷入困境之后，尽管母亲会对他进行指责，但是他只要能得到钱，被说两句又有什么关系呢。

突如其来的婚姻让他更加害怕了，他又一次陷入了困境。但是他在乎的只是自己比哥哥早结婚，就像终于超过了哥哥一样。长久的压抑导致了他通过如此荒唐的办法来安慰，他对自我价值的认识已经很卑微了。结婚后他们整日都在吵架。他原本订了几架钢琴，结果都因为母亲不再给他提供经济来源，还没到手就又转卖出去，生活一度陷入困境。从这个例子可以看出，弟弟变成现在这个样子的根源在小时候就可以看出。从小活在哥哥的阴影下，就像小树被大树遮挡住了阳光。虽然兄长不与计较，但这种不计较进一步刺激了弟弟的错误，造成弟弟以为自己被排挤。

另一个例子是十二的女孩儿，她从小被父母宠爱，而且野心勃勃。不管是在学校还是在家里，总要和妹妹争宠。只要看到妹妹得到了什么，她就会立马要求父母加倍地给自己更多。某一天，她偷别人的钱被发现了，还受到教训。刚好当时我也在现场，我就去给那女孩儿做心理辅导，纠正她现在的错误观念。同时，我联系到她的父母，并跟女孩儿的家人说了自己的想法，尽量采取不让她感觉自己的妹妹更得宠的行为，并且尽量避免互相对比。二十年过去了，曾经的女孩儿长成了现在诚实的妇女，并且组建了自己的家庭，从那以后，女孩儿也基本没再犯过错误。

构成的犯罪人格

现在我粗略统计一下，曾经在儿童生长发育中经历的那些关键期。假如我们承认个体心理学的言论，为了让他们学会彼此合作，可以通过这些犯罪表象了解环境造成的影响，这是值得被强调的重点。有三种主要的困境需要儿童去面对：第一，生理的残疾；第二，被溺爱的；第三，被忽略的。我在分析构成的犯罪人格时，除了根据自己的亲身经历外，还有许多是从书本上读到的案例，发现了在深入研究过程中，个体心理学一直作为关键措施。下述还有许多案例：

1.康拉德·K（Conrad K）的例子。他和别人一起将自己的父亲杀死。父亲对家中的所有人经常打骂施虐，对他也毫不关心。男孩儿曾经反击过，因为这样还被父亲送上法庭。法官说："尽管你的父亲道德卑劣，还爱争执，但是我也无能为力。"

注意，法官给男孩儿提供了一个理由。家人很想解决这个困难，但是没有方法，全家人都陷入深深的绝望中。后来，父亲还和一个水性杨花的女人同居，儿子被赶出来了。儿子还因此认识了一位散工，这人非常喜欢把母鸡的眼睛弄瞎。散工给他出主意，让他把父亲弄死，尽管母亲对他劝阻，让他不要这样做。可一想到家里因为父亲越来越惨。他终于在散工的协助下，亲手杀死了父亲。

从这个例子中发现，儿子对自身的社会兴趣没有掌控能力，将其转移到父亲身上都做不到。在他眼中，母亲依旧是他深深的眷恋。我们不能过重地立马给他建议，在社会兴趣完全消失前，他犯罪的导火线正是散工的从旁怂恿，还有自己心底隐藏的对施暴行为的冲动。

2. 玛格丽特·茨旺齐格（Margaret Zwanziger）的例子。别人给她起个绰号叫"投毒女死神"。个子矮小而且身体有缺陷，还是一个遭人遗弃的婴儿。按照个体心理学的说法，她将很容易陷入爱慕虚荣和渴望成为焦点的环境里。在她身上，就是待人处世都是为了迎合别人。

可是事实总是不合人意，她曾三次打算对其他女人下毒，目的就是把她们的丈夫夺过来。她还认为"这是本属于自己的东西"，只是现在变得一无所有。她还采取假孕和自杀来达到控制男人的目的。个体心理学的观念在她的供词中得到证明，"反正没有人关心我，谁会在乎我做的事是好是坏呢。反正不会有人因此难过"。从她的话里我们可以看出正因为这种错误的思想，才最终导致她一步步走上犯罪的道路。每次我建议人们应该把自己的注意力放在他人身上的时候，他们总会说："别人对我又没兴趣，我为什么去关注别人。"

我都会这样回答："两个人的关系中，总有一个是先手，至于别人愿不愿意合作，是他的事，跟你无关。而对此我认为，只需要大胆去做就好，不要在意那么多。"

3. NL 的例子。他生来腿就有残疾，作为家中的老大，即使身处的环境如此困难，他对弟弟就像父亲那般。即便如此，同样存在互相争斗的局面，而初衷还是为了弟弟。或许是因为自负和炫耀的原因，他甚至将母亲扫地出门，还斥骂她："快滚出去乞讨，老妖婆！"

这孩子都让我们觉得可怜，可怜他对母亲都失去兴趣。通过看到他的童年遭遇，我们自然能理解造成他今天这个模样的原因。在某一天的工作应聘失败之后，他为了抢夺弟弟仅有的资金，残忍杀害了弟弟。失业、感染性病、经济窘迫成了他想要和别人合作的最高上限。他人都有一条这样的底线，一旦底线被越过，人们就会难以承受。

4. 作为早年就双亲离世的孤儿来说，他在继母的溺爱下，有恃无恐，对自己之后的成长造成了影响。生意上的处理，他总是想要所有人佩服，尽力去做到最好。继母对他的行为总是坚定不移。为了获得更多钱财，他宁愿不择手段，即使成为骗子，或者谎言人也在所不惜。继父继母都是仅有少得可怜财产的贵族阶层，他开始装上贵族阶层的面具，耗尽所有钱财后，将继父母扫地出门。

从小的溺爱与接受不正确的教育使得他终日无所事事。接下来的目标全是撒谎和欺骗。继母对他比自己的亲生儿子和丈夫都好。这种错觉让他认为自己可以想做什么就做什么，但是对自我的轻视却无法通过正确方法取得。

犯罪、疯狂和怯懦

首先，我要反对那些认为罪犯就是疯子的观点。精神病患者也可能是疯子，可是这种犯罪性质是完全不一样的。他们的责任不应因此承担：我们对他们采取的这种错误方式，导致对其行为理解的误会才是造成犯罪的结果。还有那些弱者，他们不过作为幕后指使者的手段，也是要被排除的。这种人往往心智单纯，他们因为幕后操作者简单的几张空头支票，就变得野心勃勃，被指使成为牺牲品的工具，不仅上当受骗，还将可能入狱坐牢。当然，这种性质同样作用在年长者对年幼者身上。有经验的罪犯负责计划，而实施的却是儿童。

可以说胆小鬼就是罪犯。这些人面对自己解决不了的问题的时候就会逃避。不管是从生活态度上，还是罪行方式中，胆怯无处不在。像战争中的伏击者，他们猛地发起进攻，拔出手中的利器，刺向还未来得及防备的受害者。我们很反对这一点，可是罪犯们却自诌正义。胆小者的罪行就是对英雄的"东施效颦"。罪犯虚构出来的个人目标，来自错误的人生观和不正确的常识判断，他们总自以为就是英雄。但在我们眼中，他们不过是一群胆小的人，知道这个想法的人也许会惊讶吧。在和警察的周旋中，虚荣心和骄傲在不断蔓延，总以为"警察根本抓不到我"。

遗憾的是，在对罪犯进行的类别研究中，有的人确实犯罪后能逃之夭夭。一旦落网后，他们认为"这次是我的疏忽，下次一定能瞒天过海"。假如侥幸逃脱了法律的制裁，就会自信心爆满，完成目标，获得同行业的赞赏。那些流传在民间的虚假故事，关于罪犯是如何逃脱法律制裁的信息，我们必须制止。从哪些方面着手呢？学校、家庭甚至拘留所都可以展开工作，下文我会详细讲解这些问题。

罪犯的类型

犯罪分子通常有两种类型。一种是知道同生共死的伙伴关系，但是从没有经历过。他们常常感觉被排挤，对人都怀有敌意。另一种自然是被溺爱的儿童，供词里最常出现的一句话："我犯罪，还不是因为母亲对我的从小放纵。"确实，这值得阐述解释，但我只想提醒一下，他们确实都接受过不正确的教育，就开始讲合作。

父母都希望孩子能成为对社会有用的人，只是不知道方式罢了。独断专行不能取得成功。过分对孩子的宠爱，只会让孩子太过自我，只想把自己置于中心地位。完全不去关心别人来赢得他人对自己的尊重。时间一长，孩子会渐渐失去奋斗的能力，总是期望世界对自我能关注。而他们怪罪别人、别事上，只是找不到达成目标的方法。

一些案例分享：

现在，让我们来看看这些例子，从中发现形成的原因，尽管这些文字看起来不像模板。第一个例子是来自格卢克夫妇[注释]所著《犯罪生涯五百例》（*Five Hundred Criminal Careers*）中的"百炼金刚约翰"（Hard-boiled John）。

他向我们揭示了是怎么开始犯罪的："我一开始从没想过自己会自甘堕落。直到十五六岁，我都没什么异样。爱运动，也爱体育赛事。经常出入图书馆，学习让我明白事理，懂得是非。这之后，父母竟然逼我弃学工作，还不断对我剥削，所有薪水被拿走只剩下一周五毛钱。"

所以，他提出对父母的控诉。我们只有去了解他公正、清晰的家庭环境，知道他和家人的关系，才能懂得他是如何熬过来的。可是他苍白的证词除了说明和父母关系不和之外，什么也证明不了。

"上班一年后，我喜欢上一个女孩儿，她是享乐主义者。"

似乎所有犯罪的人都会有一个这样的对象：喜欢上一个纸醉金迷的红尘女子。还记得我们提过的吗？这是能体验合作深度的考验。

想想看，一周五毛钱，却还要和一个享乐主义的女孩儿在一起。对于爱情，这真的可以解决问题吗……不要为了一棵树而放弃整个森林，男孩儿最终还是走到了极端。

诚然，大家对各自生活都有自己的判断，但是对我来说，"她要的只是享乐，但这不是我要的。""别说在城里，单单在镇上而言，我一周五毛钱怎么可能让一个女孩儿过上好日子。父亲又不给我钱，我实在没法，整日整夜都在担忧如何赚钱。"

一般人都会想"四处打工，能赚不少钱"。可是他只想走歪路，他对女朋友的要求也只是为了让自己快活。"某一天，我认识了一个男人。"

陌生人的出现又是另一项考验。能正常与他人合作，肯定不会偏离正轨，可是这男孩儿却深陷困境中。

"这个贼会跟你假装共享，他很聪明，有目的地计划，承诺不会背离你。因为在这镇上犯下的罪行都没被抓住，我渐渐加入了这场罪恶的游戏。"

听别人说，父亲是厂里的工头。老两口有一套属于自己的房子，还能够将就家庭的开销。家里有三个可爱的孩子，在他没有犯罪的时候，没有任何人有违法行为。我想知道那些相信遗传的专家怎么解释这个例子。男孩儿透露他的第一次性行为是在十五岁。想必有人会认为这是放纵的行为，但是男孩儿对人没有兴趣，他只是为了单纯地贪图一时之性。

十六岁，和同伙行窃时被抓。我们分析他别的兴趣证实了这点。通过成功人士的模样吸引眼球，大手大脚地消费来俘获女孩儿的芳心。经常戴宽檐帽、红领带，腰上时刻扣着左轮手枪，以一种翻版的西部罪犯形象。他比女孩儿更爱慕虚荣，努力展现其英雄的形象，但是苦于无法。竟然一口认账，承认所有犯罪行为，而且对其财产漠不关心。

"生活对我来说，没有任何意义，普遍的人性中，只有极端的看不起。"表面上看起来这是很有意识的思想，但是都是没意识的，找不到其中内在的含义。生活对他而言就是负担，他垂头丧气的状态都不知是怎么了。

"我学会只相信自己。人们总说小偷之间不会互相欺骗，但其实不然。我曾有过伙伴，我以为他会像我对他那样好，结果他还是在背后捅刀子。"

"我会变得诚实，只要我有想要的足够多的钱。换句话说，因为我一直就很讨厌工作，所以我也绝不会去工作，我要拥有的钱是多到能让我什么都可以不做。"

换成他心底里的话：我之所以犯罪都是你们逼出来的。我的欲望被你们压抑，所以成为罪犯。这个观点有待商榷。

"我当然不觉得犯罪是件好事，可是只要一想到自己打劫了个地方之后，还能不被抓到。那滋味爽爆了。"

他自认为那是英雄的做法，其实不过是懦夫罢了。"我曾经被抓到的一次是为了想要拿身上的珠宝去换美元，来见我的姑娘，结果被抓个现行。因为那些珠宝总价值一万四千美元。"

这些人眼中的性征服是通过在女孩身上花钱，然后又去轻松赚回。

"监狱也有学校，我现在打算重新去学习知识，肯定不是为了改造，我希望我能在将来对社会危害更大。"

这种思想充分体现他对社会的仇恨意识，但是确实和别人难有联系。他说："要是我有自己的孩子，我肯定会亲手杀了他。我才不会因为带一个人到这世上来而愧疚。"

这样思想的人，我们又如何去改造。我们能做的只有指出他的错误方式，但要告诉他，他的合作能力是有的。通过找到他在幼年时期犯下的错误方向，才有机会矫正他，并且将其说服。我不知道案子到后面是怎么解决的，但是我认为其中并没有描述出几点重要的内容。以他现在这种对人充满敌意的状态，童年时一定经历了什么才会导致他这样。或许是因为自己作为长子的缘故，父母总是对他充满期望。可是因为弟弟的到来让他感觉被排斥。假如我没有猜错的话，阻碍哥哥后天团结合作的原因就是这些小事。

约翰还继续说道，他在感化学校里还受到虐待，导致他最后离校时都是满腔怒火。对此，我不得不说。监狱的打架斗殴都是彼此间的一种地盘争斗，是一种力量的考验，这仅从心理学角度出发。一旦罪犯老是听到说什么"我们要打击犯罪行为"之类的话，他们会认为这是一种挑战。为了争当英雄，对身体上的折磨还求之不得呢。把它当作是社会对自己的鞭挞，也就更加坚定自己的想法了。想着自己一个人在和整个世界作斗争，还有什么更值得兴奋的呢？

同样的方式也不能对问题儿童使用，越挑战他们，他们就会越反抗。"来啊！谁怕谁！看谁能笑到最后！"和犯罪分子一样，都只会深陷在自我的强大中，知道自己只要绝对聪明就能够逃脱法律的制裁。和罪犯去斗智斗勇是非常错误的行为，尤其是狱警和里面的人更不要这样做。

我们看看一个处绞刑的杀人犯吧。他在杀人前，还特地写了自己想说的话，之后就杀了两个人。我们从他写的话当中可以去发现他的杀人过程。一个人在杀人前绝对不会想杀就杀，他必定有一个计划过程，当然还包括他觉得被杀的人为什么该死的理由。这些话当中，必然有着他们为自己行为逃脱的借口，而且对于他们的描述都很复杂。

由此可见，社会情感对一个人的影响力，罪犯也不例外。对于这社会情感，他们打破对自己思维的影响，将其彻底隔绝开去，否则实施不了犯罪。陀思妥耶夫斯基写的《罪与罚》也是这样说道，主人公为了要不要去杀人整整躺在床上想了两个月。他一直询问自己"我究竟是拿破仑还是只虱子"来鞭挞着。他们最常做的就是这种自我欺骗，自我教育。但其实在这些罪犯心中，自己目前做的事没什么意义，也知道什么才是有意义的生活。对于自己缺乏的胆怯毛病，他们又瞬间不愿行动了。与他人合作才能去解决问题，可是他们偏偏对这种能力一无所知。而在为自己开脱的时候，他们的惯用语"我有病""我又没工作"等，用来争得谅解。

我们来看看他日记里某些话："我因为鼻子天生有缺陷，总是成为众人嘲笑和讥讽的对象，我深深感觉到生活的不公和命运的捉弄。我再也受不了了，我甚至都感觉被压迫得无法呼吸。我自己可以自认倒霉，但是我饥饿的肚子要填饱啊，可我又拿什么来填饱肚子呢。"

他开始找借口了："我听到别人说我最终会死在绞架上，那这和饿死有啥分别，反正怎么也逃不掉死的结局。"

在另一个例子中，孩子告诉母亲："我看到了有一天我会被你掐死。"结果在十七岁的时候亲手掐死了姨母。预知未来和挑衅两者都会引发这样的后果。之后他继续说道："结果怎样无所谓。总之都会死。反正也没有人在乎我，没人关心我，我怎么样都无所谓，喜欢的女孩儿也是如此。"

他想博得女孩儿的眼球，可是自己什么都没有，女孩儿怎么关注他。他认为的婚姻和爱情，就是把这女孩儿当作自己的所有。

"既然这样，那就不如赌一把，要么获得救赎，要么走向灭亡。"

虽然对此，我的解释略显不够，但是我要说他们表现出来的极端性和矛盾状态，和孩子差不多。"救赎或者毁灭""饿死或者绞死"，这些极端的两方面要么就是所有，要么就是一无所有的选择。

"周四我所有的计划都已经准备好了，也找好了我要杀的人。就差一个机会。等到那时，我就能完成这个壮举。"

他把自己当成了英雄。"这样的事，可不是任何人都能做到的。"于是他趁别人不注意，一刀捅死了一个男人，确实，这样的事太过可怕。

"饥饿让人犯罪，牧羊人会像驱赶羊群一样。我也无所谓是否能看到明天的太阳。但这一切都要比挨饿好受。生来就被可恶的病魔折磨，我最后的审判无非就是为此付出惨痛的代价，即便这样也比挨饿好受。没人会去关心一个饿死的人。但是现在不同，执行绞刑的时候还会有人来观望，说不定会有人叹息，为我悲伤呢。我都已经做出了选择，那就不要怕去执行。恐怕没有人理解我现在的恐惧了吧。"

他终究还是做不了自己眼中的英雄。

面对法庭的审问："没能刺中他的心脏，可他依旧还是死了。绞死我是肯定的，但是那个人的衣服实在太好看了，反正我永远不可能会有那样的衣服。"他的借口从饥饿变成了现在的漂亮衣服。他解释说："我都不知道自己在做什么。"虽然为自己开脱的理由各不相同，但是你总能发现他们都有差不多的说辞。大多数罪犯在实施恶行的时候都会醉得一塌糊涂。这些举动就足以证明他们在实施犯罪的时候，内心还是在无数次地挣扎。对于我前面说的那些重点，我能相信，它们隐藏在所有的案例中。

合作的重要性

接下来，我们看看前面的主旨：和所有人一样，罪犯都是为了达到最优势处境，为了获得胜利。虽然目标各有不同，各自的目标都带有利己性、个体性。想要的东西对别人来说没有任何作用，因此不需要合作。社会对人的要求则是希望所有成员能够都有贡献，大家彼此互相合作，实现共赢。在罪犯的眼中，他们的目的就是对社会的无用性。接下来我们就可以通过这点来了解他们的犯罪形成过程，如果我们想要去了解的话，就得从他们合作的失败原因上寻找答案，分析造成这样的理由。

和正常人的合作能力一样，他们也有各自失败的程度比较。有的人只是小偷小摸的行为，有的人则是犯了大罪。他们当中也会有领导者，也有随大流的。明白他们犯罪的不同类型，要对其生活方式进行各种分析。

性格、生活方式和三大任务

通常我们发现单个个体的性格特点，它形成在孩子四五岁的时候。所以，孩子的性格是很难发生改变的。这是人在最初形成自我性格时犯下的错误，也就是个体特征。所以就能看出，无论被教育多少次，即使被嘲笑、被讥讽、被剥夺所有美好的事，他们依旧还会犯错，一次次踏上这条不归路。

所谓的经济窘困使他们犯罪，这都是借口。的确，经济的窘困确实会让人压力山大，社会犯罪率也会大大提升。有调查显示，这种增长率和麦子增长的价格一样。但是这并不是犯罪的理由，也没有证据说明必然会引起犯罪，更大意义上只是表明一种人的行为的禁锢。拥有有限的合作能力，一旦这个极限被打破，他们仅留的那一点点意识都会指引着去犯罪。别的方面也会这样，很多经济条件较好的人在面对突如其来的打击时也会出现犯罪行为，这是他们对待生活的一种方式。

所以在个体心理学研究基础上，我们可以看出：罪犯不对人感兴趣。所谓的合作只是一定层面，当这种合作意向被消耗完后，剩下的一条路就是犯罪了。再也不能解决问题的时候，就是压垮骆驼的最后一根稻草。尽管罪犯都知道思考这些人生问题的重大意义，但是却解决不了。又因为所有的这些问题都归属社会问题，社会问题连接在和他人的交流中，对他人不感兴趣的人怎么会有解决问题的办法。

还记得第一章里面简要提到过的吗？生命的问题被个体心理学划分为三个部分：第一部分是个体和他人的伙伴关系。犯罪分子当然也会有朋友，但仅仅局限于同类。可以互相拉帮结派，能忠诚于彼此，可是活动的范围就很狭小。交往的朋友也不可能是普通人，具体表现就是自己和他人接触不了，像一群身处异地的流浪者。

第二部分和工作相关。很多罪犯这样答道："这里的工作条件非常恶劣。"对现在的工作状态不满意，可是又不愿像别人那样去反抗。罪犯性格里所缺乏的就是用这样一份职业去造福他人，可他们偏偏又没有兴趣。早些时候，他们就表现出对合作能力的缺失，所以当面对工作要求时就变得不知所措。他们中的大多数人都是对工作不专业的普通群众。他们对兴趣的关注早在上学之前就已经没有了，他们不愿意和别人合作。和他人合作也是需要培训的，可是他们都没有经过这方面的教育。所以，也就理解不了问题出现的根源在哪儿。非要让他们这样做的话，那就无异于让一个从未学过地理的人去参加地理考试，结果可想而知，不是交白卷就是没有正确的答案。

第三部分是和爱情相关。互相合作和共同的兴趣是维系一段幸福婚姻的基础。而被送进监狱的半数不法分子都承认自己有性病。这说明他们通过采取这种方法来获得爱情。不仅把恋爱当作私有物品对待，而且认为爱情可以用金钱衡量。对罪犯而言，性只是一种征服方式，不需要要求她们作为终身伴侣，只要能满足他们的占有欲就好。很多罪犯都这样说："既然得不到自己想要的一切，那么生命的存在与我何干。"

所以，合作贯穿在生命的三个问题中，缺乏合作就造成必定的缺陷。不管是在我们的听、说、读、写中，都能表达出我们合作的能力，基本上每时每刻我们都需要合作。据我判断的话，犯罪分子在这些方面与常人是不一样的。他们会有一套自己的语言系统，因为智力的发展不同，所以才会造成行为上的不一样。我们说话的目的是想让他人读懂。这样一种读懂、能被理解的状态是属于社会功能，我们和别人的想法一样，所以大家都能理解。但是对罪犯来说就不一样。从他们犯罪的行为方式中能够看出，他们是用自己的一套方式来理解并传达的，按照自我的思维。他们当然不傻，心理上也没毛病。一旦处在心目中自己幻想出来的优越位置，他们的结论往往相当明智。

一个罪犯说："我没有那个男人身上的那条裤子，所以我杀了他。"那么按照这种思维，个体欲望高于一切，那就不需要去压抑自己的想法，想干什么就干什么，但是深究一看，这根本不是常识。发生在匈牙利的一起多人投毒案，几个女人被指控谋杀。其中一个在入狱时说："我儿子失业还身体不好，我只能杀了他。"一旦放弃合作了，面对她的选择又是什么？即便有知识，可是只要看待问题的方式方法变了，行为也就不同了。所以，我们站在那些痴迷于某一物体的人的角度来看，就可以想想有多可怕了。犯罪分子必须在一个充满敌意的世界中将它抢过来。自身的错误价值观和对自我的错误判断就是导致他们这种行为的原因。

合作的早期影响

一些环境也是导致合作失败的重要因素。

一、家庭环境

父母自然是主要承担者。父母可能会本身就缺乏合作的能力；可能自己在教育孩子合作的方面经验不够；也可能是他们自认所有都不需要，不接受他人帮助。合作能力发展的不正当更多在不幸的婚姻里。儿童接触到的第一信息都来自母亲，母亲假如不愿意发展孩子的社会兴趣，也不愿孩子接触周围的人或事。又或者，孩子从小到大都是掌上明珠，但是在三四岁的时候，一个新生宝宝的出生却动摇了原本的社会地位。于是拒绝和母亲、兄弟姐妹合作。这些都是要去考虑的事，基本所有的犯罪分子在早期的家庭经历中就会显现出麻烦。一个误解的原因是他们在家中的地位，另一个是也没有跟他们说明，所有环境并不是误解的根本理由。

在一群普通孩子中，一旦出现一个特别优秀的孩子，其他人就要嫉妒或者产生不平衡。优秀的孩子总能吸引大部分人的眼光，别的孩子就会受到冷落。对于其他孩子来说，一方面想要去竞争，另一方面又自叹能力不足。对于这样一群从小生活在他人阴影下的人来说，也不会有人去关心他们的成长问题，更找不到方向。比如，长大后就容易成为神经病、自杀者或罪犯。

对于缺乏合作能力的孩子来说，在入校第一天就能通过自身行为发现其缺点。和别的孩子融入不到一起，不喜欢老师，也不在课堂上认真听讲。如果没有受到老师的关心爱护，很容易再次受到打击。批评和责备对他们来说是常有的事，关于合作的指导教育就更不用想了。所以对于上学的厌恶感也在渐渐加深。接下来对于不断受挫的勇气和信心而言，就更不用提什么兴趣了。从犯罪分子的人生经历中可以得知：十三岁时就再也跟不上步伐，进入慢班学习，随之而来的批评和指责也越来越多，他们的处境岌岌可危，开始丧失对他人的兴趣，追求的东西也在慢慢变得无用，渐渐走向社会的另一面。

二、贫穷

对生活最常用的借口估计就应该是贫穷了。社会偏见对这些贫穷的孩子而言很厉害。家庭生活的诸多不便使得他们必须要去面对各种困难。为了补贴家里的生活，孩子可能就得去打工挣钱。一旦在这个过程中遇到那些有钱人，看着他们什么都能买得起，心理就会产生不平衡，为什么他们可以有这样舒适安逸的生活。因为大城市的贫富差距更加明显，所以也就不难理解为什么大城市的犯罪分子这么多了。对于社会的有利行为肯定不是靠羡慕和嫉妒，但是对于这样一群身处逆境中的孩子来说，他们错误地认为要想成功就得不劳而获。

三、生理缺陷

生理缺陷很有可能引发孩子的自卑心理。虽然这是我的一个发现，但是当我看到我的这个发现竟然同时为神经内科和精神病学都提供了依据，我感到深深的自责。对于我最初写的器官自卑（生理残疾）和个体的精神补偿时，我就发现了这个问题。造成错误的原因不是身体的残疾，而是我们的教育方法。只要方式对了，有生理缺陷的孩子一样能产生这种社会兴趣。而身边一旦失去帮助他们培养兴趣的人，他们就会变得以自我为中心。

对于内分泌问题，许多人都有不同的症状，但是就我所了解的，我们各自体内的内分泌功能都有不同，有可能会千差万别，但这并不影响我们的人格。尤其在判断孩子的问题上，采取怎样正确有效的办法才能使孩子有合作的兴趣。

四、社会缺陷

犯罪人群当中有很大一部分是孤儿，这就很讽刺地控诉我们，社会对孤儿的合作意识不够重视。还有，私生子也是很大一部分人。不会有人去在乎他们，也没有人教他们怎么培养。在得不到别人的重视时，意外出生的孩子会受影响而犯罪。遗传的重要性呢，则体现在那些其貌不扬的罪犯身上。考虑一下那些长得不漂亮的孩子们！

他们有的或许是民族的混血儿，在逆境中成长的他们经常还会遭遇别人的不待见和歧视。没有我们拥有幸福的童年生活，一旦在别人评价他们的长相问题时，一生都会受到打击。如果我们从小就对他们关心和呵护的话，他们也就会有健全的人格发展了。

值得注意的是，有些相貌出众的人也犯罪。对于相貌丑陋的人来说，他们是因为先天的遗传因素导致的，有的甚至还遗传了现实的生理缺陷。比如畸形的肢体或者兔唇等，既然如此，那么对于相貌出众的罪犯又怎么解释呢？他们就不能用遗传或者无法在社会情感中的因素了，这些孩子都只是被过分溺爱的人。

五、解决犯罪问题的办法

现在面临的问题就是我们该怎么做，才能解决这些问题。假设我的猜想正确，他们的共同特征来源是在各种犯罪生活中，对社会兴趣的缺失和合作意识的不理解，造成他们对个体优势地位的极大幻想，我们要做的就是，把这群人和精神病患者同等对待。在犯罪问题方面，我们得不到犯罪分子的合作意愿，那我们就无法帮助他们。这一点是非常重要的：只有让这群犯罪分子产生对他人的兴趣，学会关心他人的幸福，渐渐通过培养合作能力来实现解决问题的方法，他们就必然能被改造过来。可是这些问题如果解决不了，那就没有别的办法。

现在，对于他们的改造我们找到了切入点，就要教会他们合作。

只知道把他们关进监狱里，然后进行教育，这样做成功的例子很少。可是如果放任下去，而不严加管教的话，又会对社会问题造成威胁。的确，我们承认将一部分罪犯隔绝起来会让社会得到保障，但那不是所有人。我们还要关心他们融入这个圈子的问题，通过什么办法呢？这虽然听起来简单明了，但是实施起来就很不一样了。无法用优渥的条件去满足他们的欲望，但是对于身处的困境也要实施救援：不能光是指出他们犯的错，也不能和他们争吵来让他们被说服。这么多年来，他们都是在按照自己的想法来看这个世界，对这世界的印象早已形成。为了改变他们，我们要考虑他们是怎么思考、第一次失败是什么时候，以及影响他们犯罪的环境是什么。四五岁的时候，他们的主要性格就已经形成了。那时候，我们就可以看到因为对自身状况的认知不够，所形成的世界观体系也不正确，所以才会造成今天的犯罪行为。我们要解决他们的问题，就得从这些早期形成的错误观念里纠正，改变他们现在错误的生活态度。

我们都能想到，他们会用以前的生活遭遇来做掩护。

假如自己曾经的境况和想象中的不一样的话，他们就会想方设法地更改经历，直到和脑海中的剧本一样为止。假如一个人生活的态度是"别人羞辱和嘲笑我，态度还十分恶劣"，那他必然会找到很多证据来支撑自己的观点。不断地去挖掘事实来证明自己的观点，对于其他不同的证明则会一概不予理会。他们感兴趣想了解的只有自己的想法。对于和自己人生轨迹不同的事，他们采取的态度是毫不关心。因此，对于他们现在这个原因造成的结果，我们必须找到他们对世界观的看法和这种意识产生的根源，然后才能针对这点说服他们。

体罚的无效

体罚是社会表达对罪犯的敌意和不适应。体罚最容易出现的时间和阶段就是上学时期。或许表现行为的恶劣，或者成绩总上不去，或许培养不出合作的意识，常常会被惩罚责骂。继续这样对待的话，又怎能好好地合作，反而还会对自己无望的处境更是如此。总感觉周围的人都有敌意。这样长久的结果必定是对学校的厌恶，谁会喜欢一个自己总被处罚的地方。

被体罚的孩子面对自己的学业、老师、同学都会渐渐失去兴趣，他们仅留的一点自信都被磨灭，开始逃避上学，喜欢那些阴暗的角落。他们也会遇到一群和自己有相同经历的、同在一路上的孩子。这样的孩子会互相理解，互相鼓励和支持，支撑他在犯罪的道路上留下自己的罪行。他们的朋友只会是这些人，由于对社会失去兴趣，他们将所有大众都视为敌人。和喜欢自己的人在一起，必然会感到轻松自在。所以，越来越多的孩子开始加入犯罪的团伙。此后，我们对待他们还采取这样的措施的话，他们还会把我们当作敌人，更加坚定只有罪犯才是朋友。

他们不该失去希望，所以不用成为生活任务的牺牲品。我们可以考虑从学校方面，让这些孩子能够有信心去处理问题。对于这一建议我们应该看重，但这里所说的将惩罚看作是敌对势力的目的，我们要研究罪犯们为什么会这样想。对他们而言，体罚就是恰恰验证自己的想法。

另外，体罚也没什么用处。因为体罚会让受体罚的人不重视自己的生命价值，无论是哪种类型的处罚都一样。在他们心里，只想着如何和警方抗争，不在乎受到的伤害。同时，这也是面对挑战采取的措施。假设狱警或其他人对罪犯施以暴行，其结果只会适得其反，会激起他们的反抗欲，也会让他们更加坚定自己的聪明。

正如我们所表达的，对这类东西的解释都是这样的。把自己与社会的联系看成是一种掠夺形式，我们垂死挣扎，努力奋进。一旦采取同样的方式，那我们的行为就没什么意义了。出现这种思维之后，犯罪分子面对电椅也会感到社会对其的敌意，进行自我欺骗。越被惩罚激励，那就越容易激起他们自身的战胜欲。很明显。我们就可以根据这点来评价罪犯的行为逻辑。往往那些最后被执行电椅死亡的人在最后一秒还想着"当初我要是记得戴眼镜就不会有这样的结局了"。

培养合作

前面已经提到过，我们不能让孩子觉得自己不如别人，要让他们对合作有信心。任何人都不应该被生活的艰辛击倒。罪犯之所以做出这一系列错误的行为，我们就要去告诉他们，这些行为错在哪里，然后要让他们如何进行纠正，并重拾对他人的信心，学会合作。我们要让所有地方的人都知道这一点，让犯罪分子再也找不到让自己信服的借口，所有孩子都去积极成为对社会有用的人。我们暂且先抛开这些事实不谈，但是从这些犯罪案例当中我们都能看到孩子在童年生活中的方式，并且是怎样缺乏对合作能力的锻炼的哲学性。

值得注意的是，这种合作能力的获得需要依靠学习。而对于它的遗传性，我们肯定是都知道的。我们每一个人从生下来就具备这种能力，它存在于我们每个人的身上，为了要得到发展，我们就必须得进行培养和锻炼。对于这些犯罪的观点，如果无法证明在掌握了合作能力之后还是会成为罪犯的证据，那对我来说也没什么用。至少我从来没有见过这样的人，更没有听说过。对待犯罪的正确做法就应该采取合适的合作方法。如果抛开这一点的话，那还是避免不了悲剧的发生。

对于合作价值而言，我们要像对待真理那样去教授，就好比你在一节课上讲地理的知识，真理毕竟能被更多人接受。如果我们什么都没有准备就直接奔赴考场，那么后果肯定是一塌糊涂。对于没有准备去参加一场需要合作知识的考试而言，也注定会失败，因为解决问题都要用到合作知识。

对于这个犯罪问题的研究，我们基本已探讨完，现在就是我们要鼓起勇气解决问题的时候了。这么多年以来，人们依旧没有找到解决这个问题的办法。所有我们做出的尝试都是无用功，这一后果深深烙印在我们心上。研究告诉了我们原因是什么：对于罪犯错误的人生价值观和生活方式我们从一开始就没有按照正确的步伐来行动。换言之，就是我们的手段并没有奏效。由此，我们也就明确了自己的做法，那就是培养这些人的合作意识。

有了足够的知识，现在也知道了如何去应对。所以，个体心理学给我们展现了如何去有效地改造每一名罪犯。但是我们也要考虑到一个个来研究罪犯，很明显，这是一项巨大的工程，让所有犯罪者一一改过自新，而且重新更正他们的目标。遗憾的是，在我们骨子里的文化中，我们面对这个将要超过困难的最终上限时，合作的能力会慢慢消失。困难时期，犯罪率会疯狂增长。由于这个工程的目标远大，在我认为，我们想通过这种方式来消灭犯罪，那就意味着我们要去纠正数以万计的思想，立马就让这些犯罪分子突然成为对社会有用的人，甚至还包括潜在犯罪的人，这怎么可能呢。

矫正方法

我们可以做的事还是很多。假如改变不了这些罪犯的话，那我们可以做些其他事来帮助其减轻压力，特别是对那些身上担子沉重的人来说。最简单的例子，失业和就业的问题，我们就可以尽可能地为他们创造工作的机会，来提升自我的技能和培训。社会能做的唯一路径也就是满足人们基本的生活需求，保留下最后一点的合作能力。只要做到这一点，社会的犯罪分子数量就会下降。虽然不了解现在这个社会经济状况，改革时机是否成熟，但是我们还是要为此而努力。

对未来孩子的工作和生活，我们现在都得提早做好准备，让孩子以后有更多的选择性。就算在监狱里，也是可以进行培训的。在这方面我们也做出了许多尝试，接下来应该做更进一步的努力了。同样的道理，在监狱里进行一对一矫正也是不太现实的，但是我们对他们集体做一个培训也是好的。我们可以进行现场的模拟演示，还原真实的社会场景，让他们在这种情况下做出自己的判断，然后进行讨论。对于他们做了一生的梦，我们可以尝试唤醒：让他们从轻视自身能力上得以改变，还可以促使他们脑海里对自我价值体系的分析。对于周围环境给自身和他人带来的困扰，我们要让他们学会去面对，不给自己设定界限。只有这样的话，才能够对他们起到显著的治疗。

对于社会中那些极易引诱犯罪分子和经济条件差的东西，尽可能消除。让低收入者感到心里不平衡的一个重要原因就是贫富差距的明显。因此，我们要拒绝铺张浪费、奢淫之风。

那么，在面对残障儿童和问题少年时，我们千万不能去挑战他们的能力。这样的做法只会使他们认为社会环境在和他们作斗争，态度就会越发消沉。犯罪分子更是如此，尤其是在面对整个世界的警察、律师和法官们，他们的自信心就膨胀得更加厉害，他们就会认为自己的英雄使命感超级强。我们也不能去采取威胁的手段，更不应该将犯罪分子的个人信息暴露在大庭广众下，采取更隐蔽的行动才是正确的。其次，对待罪犯的态度也不正确，要么就是狂风暴雨般的打击，要么就是简单妥协的绥靖手段。我们要做到对自己现状的了解，这样才会成为强有力的变革。我们要有人道主义的精神，不能抱着犯罪分子会被可怕的惩罚吓倒的心理。就算是在面对死刑的时候，他们依然表现没有后悔，更多情况下他们会选择鱼死网破。可能会感到后悔的也就只有自己在被抓的那一刻犯下的致命错误。

对于提高我们的破案率，这倒是一个很大的帮助。就我了解的，犯罪分子还有很大一部分在逃，这些罪犯可能占总数的百分之四十或者更多，这些数据无疑会成为增长他们气焰的一种手段。有一个事实我们不得不承认，基本上所有的犯罪分子都有作案后逍遥而去的经历。

这方面，我们也掌握了一点线索，对于这方面的跟进也是正确的。还有一点，不管他们有没有在监狱里，我们都不要表现出鄙视和羞辱的姿态。在选人方面，正确的人会增加被感化的概率。当然，对于传授感化的人也要去学习相关的社会问题和合作知识。

预防措施

这些建议被采纳后，都将产生巨大的效果。虽然减少犯罪人数我们还有待努力。但是我们采用的手段和方法还有很多都是可以奏效的。尤其是对孩子的从小培养，包括恰当的合作意识、丰富的社会兴趣等，这样就可以极大地减少未来以后的犯罪，而且见效时间也快。这些孩子至少就不会被引诱，然后走上犯罪道路。就算遇到再大的困难和阻碍，对他人的兴趣都不会消失。对待事情的解决能力，还有合作能力都要比我们这一辈的人厉害得多。

多数刚刚开始犯罪的人都是十五岁到二十八岁这个阶段，可以说算早年吧，青春期那就更明显了。所以，我们未来的成功不需要很多年。可以肯定的是，孩子的成功对于整个家庭的影响也是有作用的。父母看到自己的孩子独立、坚强、勇敢，自己也会感到欣慰和舒适。人类社会的进步也会随着合作精神的发展而得到进一步的提升。不单单只有对儿童的影响，我们同样还要关注对传道、授业、解惑的老师和最直接影响的父母。

目前唯一的问题就是：我们选择哪个最好的出击点，采用什么方式来处理儿童以后的教育问题。难不成我们去对所有的父母进行培训？不，这是不可能实现的。先不说父母很难接触，我们要接触的那些人都是不怎么抛头露面的人，所以这个办法行不通。那我们就把所有的孩子全部抓起来关在一个房间里，然后整个角落装满摄像头，用来监控孩子们的行为。这种想法想想就很可笑。

但是确实有一种很有效的办法。把教师当作推动社会前进的工具。把教师当作培训的对象，然后再让教师去影响孩子，帮助他们建立社会兴趣，纠正孩子们犯下的错误。因为家庭无法保证对孩子进行全方位的教育，所以才会有学校这一产物的出现，学校来代替家庭对孩子进行教育，让孩子们的社会能力、合作意识得到发展培养，并且在未来造福于人类。

但是基于以下的理论，我们的行为才可以实施：我们现在付出的所有努力都是建立在对他人的所有贡献之上的。个体假如无法合作，对他人也没有兴趣，对集体也没有贡献而言，他们就是纯粹在浪费生命，即使死后也不会有任何痕迹出现。只有对社会做出贡献的人，他们在世上流传下来的作品才会永垂不朽，而且精神也被传唱。将这些作为教育孩子的基础，在他们接受合作性质的任务时就会全心全意了。就算面对一时难以克服的困难，他们也会昂首阔步，以一种合作互赢的方式赢得胜利。

第十三章

早期的记忆

人格钥匙

　　每个人在精神发展方面都透露出努力去争取优越地位的迹象，这是一个人完整人格的关键。通过这点我们就可以了解人们的生活方式。有两点是比较重要的。首先，我们从其中任一种表现可以看出，不管我们从哪里出发，最终都会去到相同的地方，带着相同的动机和主题，我们建立起自己的人格。其次，我们可以利用的素材很多，帮助我们去理解的有个人姿态、思想、言语等。有时候我们太匆忙，导致妄下结论，造成的错误都能够在别人的表达中得到纠正。但是我们表达东西的意义如果不能在整体中运用，就无法得出最终的结果，然后这些所有方方面面的表达推动着我们要去寻找答案。某些方面来说，我们和考古学家差不多，考古学家从一切残张废纸、陶器瓦片、历史痕迹和断壁残垣中推断这些东西形成在什么时候，出土的文物又是哪个朝代，即使这些历史早已风化。可是摆在我们眼前的是类似万花筒一样的东西，它不是什么消失殆尽的东西，而是真真实实发生在我们身上，联系整个个体的性格和包含对生命解读的联系。

　　了解一个人并不是一件简单的事。个体心理学在所有心理学里面是最难学也是最难运用的东西。听故事时，我们要全身心投入，在大量的细枝末节中，我们要去发现最关键的东西，时刻保持着怀疑的姿态，就比如一个人是如何走进房间的，他又是如何和我们握手的，和我们点头示意的等。这过程中我们可能会陷入一个节点的迷惑，但是我们终将从其他点上逃离出来，得以印证我们的想法。只有通过诚心诚意地关心他人，在治疗的时候不断练习掌握合作的方式，才有机会成功。这就要求我们将心比心，见其所见，感其所感。作为接受方的病人也要主动接受学习。同时，还要处理对待病人的态度和困难等。不光我们要对他们很了解，他们自己也要了解自己，不然就没有任何证据可以表明我们是对的。只是片面地适应某些方面的真相并不是完整的真相，这只能说明我们的理解还不够全面。

别的心理学派提出"消极转移和积极转移"（negative and positive transferences）的概念的时候，就是因为个体心理学没有认识到这一点。但是这是不可能在个体心理学中出现的。我们不能为了去讨得他们的欢喜就去随心所欲地满足他们的各种要求，表达对他们的宠爱，这样只会让他们将自己的控制欲给隐藏起来。一旦过程中我们表现出他们被怠慢或者不重视，就很容易引起他们的不满，进而产生敌意。这种情况下，病人就可能会停止治疗，即使继续下去，也是为了作辩解来让医生自责。所以我们要真正表现出来的是一个人对另一个人深切的关怀。不管是放纵他们还是让他们感到怠慢了，这没什么作用，只有这种真正展现朋友间的友情关怀才是正确的。不管是在他人生活的利益中，还是自身的幸福里，我们必须一起团结合作，共抗困难。只有牢牢记住这个目标，我们才会阻止"转移"

想象的发生，才能将他们拉离没有责任感和依靠性的边缘，而不单单是一副"我是权威"的模样。

个体的记忆是所有心灵传达中，最能表明真相的一点。记忆随时都在记录着我们发生的事和自己本身的局限性，就像一个随身携带的提示器一样。绝对没有"偶然的记忆"这一说法。我们每天接触到的外界东西多得不胜枚举，个体只会挑选出对自身有用的信息，即使看不清这些东西。所有这些记忆都表达自己的意义，这些记忆的小故事会提供不一样的温暖和舒适影响人们。对于未来的目标，他们能够更加集中精力，也可以利用曾经脑海里记忆的信息来验证，采取一种更为妥善、靠谱的方式来运作。我们平常的行为中，就可以看出记忆负责的主要功能就是对情绪的控制，它能够起到稳定的作用。假如一个人在遇到困难之后，他会感到自己很没用而振作不起来，这样下去，他就会想到自己当初曾经也遇到过困难。而当他感到快乐、高兴的时候，就会出现另一种完全不同的回忆。这些也必然都是高兴、值得开心的事，他就会感到更开心。同理，当他处于难过、悲伤情绪中的时候，脑海里的回忆是能帮助自己调整过来的，用来应对当前的形势。

这种方式，就和记忆中梦的形式差不多。大多数人在做出决定的时候会梦到自己曾经顺利过关的考试或者其他事情。他们这种现象是为了在做决定时，期望能像当初考试那样有一个成功的结果，然后能以这种心态去做决定。生活中，我们的情绪总是千差万别的，单单说情绪的组成和平衡，在一般情况下都能适用。一个人总是处在美好和幸福里面，那他就不会受到忧郁和苦闷的干扰。反过来，如果一个人总是抱着一种"我这辈子都不会走运"的心态，那他就会只记住那些不幸的事。

早期记忆和生活的模式

生活方式是什么样的，那这个人的记忆就是什么样的。比如说一个人的优越目标总是产生这种"别人一直都在羞辱我"的思维，那么，在这个人的记忆感受中，他就只会选择去保留那些羞辱的记忆。一旦生活方式变化了，那么他的记忆也会发生变化。整个脑海里原本的故事也会有所不同，或者他会给这些故事换另一套解释。

早期记忆中还有其特殊意义。第一，一个人的生活方式是他通过最初始的状态和最简易的表达。从中我们可以判断出来：那个人在儿童时期是生活在溺爱还是冷漠的环境中？曾经接触过的合作联系有多少人？什么类型的人是他最喜欢的？生活中面对了什么困难，又是怎么处理的？对那些因为眼睛有缺陷，造成视觉模糊的人，他们会通过后天的努力最终比平常人看得还清楚的孩子，早期的记忆中就会有大量的关于视觉的印象。回忆的开始也是这样的："我环顾四周……"同样地，他们也能描述事物的颜色和形状。凡是回忆中表现出对奔跑、跳跃等的兴趣，他们在儿童时期的身体，特别是腿多半有残疾。我们现在能回忆起来的童年记忆多半和个人的主要兴趣有关，要想真正了解一个人的目标和生活方式，那我们就得了解这个人的主要兴趣是什么。特别是对于职业的指导方面，早期记忆就显得更加重要了。不仅如此，还包括和自己家人的关系怎么样都能够看出来。仅对于这记忆是否清晰、准确而言，并没有多大的影响，重要的地方在于那体现了个人的价值判断："就算我现在是小屁孩，可我就是这样的人啊。"不然就是"我看这个世界的眼光就是小时候的眼光啊"。

有两种方式最有启发性：一种是在儿童展开自己故事的时候；另一种是他们脑海里想起的最早的事情。通常记起来的第一个记忆，都是他对自己人生态度感到满意的第一个表达，体现了他个体生命价值观的基本准则。我们可以依据这一点发现他最开始选择什么样的个人发展的起点。所以，挖掘一个人的个性，那必定要挖掘他最早的记忆。

有时人会忘记自己最早的记忆是什么，他们可能也一时半会儿想不起来，但是这对于我们的挖掘来说已经足够了。我们能了解到，他们不愿意和别人探讨人生价值观是还没有做好充足的准备。但是对于他们来说却是很乐意谈起最初的记忆。因为他们认为这些都是无关紧要的事，其中隐含的意义则并没有认识到。

因为对自己早期记忆的不理解，所以他们对最初自己记忆中流露出来的人生目标、与别人的关系，还有对自身所处环境的观点和看法，从容不迫、自然客观。对于我们在群体研究中的利用，他们其中精练质朴的热点是最初记忆的另一个有趣的地方。我们在掌握了这些记忆之后，就可以要求整个班级的学生都将他们最初的记忆用纸记录下来，那么对于所有的孩子就都能有一份自己的资料了。

解析早期记忆

为了方便说明，我们就列举几个早期记忆来解释一下。抛开他们自己告诉我们的记忆之外，我们对其他东西都不了解，甚至对方是不是成年人都不知道。通过其他有关的个性特征来验证这些隐藏在早期记忆里的东西，找出其对应的含义，不断地去分析这些单独零散的记忆，我们能够加强自己的推理能力，提高我们的技术，最后达到见叶知秋的地步。这样的话，我们就能将其中一则记忆和其他的作对比，就能发现其中什么才是真实的。实践活动中，我们能发现人们对于合作的趋向和逃避，是大胆创新还是故步自封，是能够渴望被照顾或支持，还是说自立自主，抑或是施舍和赠予呢。

1."因为我妹妹……"什么样的人在早期记忆中出现，这点很重要。一旦看到自己的姐妹出现，个体就能深深感受到这个姐妹对自己造成的影响。而这个孩子能力太过出众，其他孩子就会有压力。

一般来说，他们会像赛跑一样，呈现一种互相竞争的状态，很明显，成长过程中还会出现其他症状。在友好的环境下，孩子们可以将自我的兴趣转移到其他人身上；但是孩子一旦形成竞争敌对的状态，就完全做不到这一点。尽管如此，我们依旧得不出这个结论，说不定俩孩子是好朋友呢。

"我和妹妹都是家里最小的孩子，在她还没到上学的年龄，我也一样上不了学。"现在，两人彼此之间的竞争有了证明的依据。"妹妹因为年龄小，所以她拖了我的后腿，害我等她，结果耽误了很多事情。"假如这一段回忆想要表达的真正意义是这个，那我们可以推理，这个孩子能发现："生活中，一些人阻碍我就是最危险的，我的自由被限制发展了。"这段话很大程度上来自一个女孩儿。一般上因为小妹妹没到入学年龄，而留在家里，对于男孩子来说不会出现这种情况。

"我们那天是一起上学的。"可能对于女孩来说，这并不是最好的教育。随着年龄的增长，她会产生一种被人放在第二位的感觉。所以在这之后，女孩儿就总是以这种理由来解释。她会觉得所有的人都偏爱妹妹，导致自己被抛弃了。一旦产生这种思想之后，她就会把责任怪罪到某一个人的头上，可能是自己的母亲。对于她自己来说，如果和父亲关系更好的话，那就会去尽力争取父亲的爱，这一点并不冲突。

"我在第一天上学的时候，就听到妈妈和别人抱怨，说她很不幸福，我记得非常清楚。那天妈妈说：那天下午我经常来来回回跑到门口等我的女儿们。但是她们像永远都回不来了一样。"听了这段描述是不是会感觉这位母亲很糊涂，这是她自己说的话。女孩长大后对母亲也是这种感觉。"妈妈认为我们都不会回家了。"母亲让孩子们体会到了她的慈祥疼爱，也让孩子们感受到了她的焦虑不安。我想如果还要女孩儿继续往下说的话，我们会得到更多关于母亲偏爱妹妹的事情。因为最小的孩子一般来说都是父母比较疼爱的，这种情况我们早就猜到，也不会太惊讶。但是我从这里面读到的是：姐姐和妹妹两人在相互竞争的时候，受到了很大的困扰。这可能会导致她在接下来的生活中常常会妒忌别人，或者处在不敢与他人竞争的状态。甚至姐姐对比自己小的女人都无感，这也是能理解的。有的人在看到比自己年轻的同性时，就会不由自主地产生自卑心理，还有的人一生都觉得自己不够年轻。

2. "在我三岁那年，我参加了祖父的葬礼，这可能是我最早期的记忆吧。"这位女孩儿脑海里全都是对死亡深深的感受。这就表明在以后的生命中，女孩儿很可能就会把死亡当成最大的危险和隐患。由于她童年面临的这些事，使得她形成一个结论："祖父肯定会死。"我们后来还发现，祖父最喜欢和最宠爱的孩子就是她。祖父大都喜欢自己的孙子孙女辈。老一辈的人就不会有那么多责任要去担当，相反，如果自己的孙子孙女都喜爱和自己玩，这会让老人感到很自豪，很开心。人老了，他人的关心认可常常就会感受不到，或者说不像年轻那会儿那么多了，所以他们虽然老了，可还是希望能引起别人的关心，有时候采取一些小手段也不为过，就像偶尔发发牢骚，凡事都要让孩子做得更好之类的。但是对这个案例来说，我们觉得女孩儿在小时候就被祖父喜欢，并且说被祖父十分疼爱更贴切，谁更爱我，我就更爱谁。女孩儿自然也就记住祖父了。

对于她来说，祖父的事对她打击不小。对于女孩儿来说祖父就像一个朋友和诚恳的忠实仆人离开了她。

"我现在还清晰记得，当我看到躺在棺材里的祖父，他就那样安静地平躺着，像睡着了一样，皮肤看起来好苍白。"在这里我不建议让年幼的孩子看到死者，更何况孩子还没有任何准备。有许多曾经亲眼看到死者的孩子都这样说过，那是我永远都忘不了的一个画面。这位女孩儿想必也是如此吧。他们在以后就会努力去克服死亡的恐惧。这其中的人会想要将来当医生，因为他们认为医生面对死亡是会有办法的。你可以尝试去问一下医生，关于早期记忆是怎样的，他们大部分人都会回答你和死亡相关的事。女孩儿描述祖父时，"他就那样安静地平躺着，像睡着了一样，皮肤看起来好苍白。"我们可以得知女孩儿是视觉型人，她们都喜欢对周围世界观察、分析。

"到了墓地的时候，我看到他们把棺材放进墓里，然后就看到绳子从棺材底下抽出来。"她的描述里就是眼睛能看到的东西，这也就说明了她确实是视觉型的人。"这一次我开始害怕了，只要凡是提到那些去往生命的另一头的人，我都不由自主地感到害怕。"

可见，死亡在她心里留下多么严重的后果。我很希望我能去问她一下：“你希望自己长大后做什么？”估计她的回答可能是：“医生。”要是她逃避回答这个问题，我就建议她去当医护人员。“生命的另一头”在我们听来，都能感受到对于死亡的深深恐惧心理。把这女孩的所有描述看作一个整体：她有一个疼爱她的祖父，她是视觉型的人，死亡在她幼小的心里留下了不可磨灭的影响。而对于她来说：“我们都逃不过死亡的命运。”确实如此，但并不是所有人都关心这一点。生活中我们还有很多其他的事情。

3.“三岁那年，我父亲……”最开始她的谈论对象就是父亲。那么我们就能大胆猜测，父亲比母亲对孩子的影响大。一般情况下，在成长的第二阶段孩子才会表现出对父亲的兴趣来。这是由于我们最开始都是和自己的母亲接触多，所以对母亲的兴趣会更早，可能在一两岁的时候，孩子都离不开母亲，整个孩子的心灵活动可能都需要母亲来引导。一旦孩子表明自己的注意力和兴趣转移到父亲身上了，那说明这个做母亲的很失败。孩子对自己的母亲感到不满意，一般来说是有一个小孩儿出生了。只要我们在她的回忆中找到弟弟或妹妹，那就能说明这一点了。

“父亲后来给我们买了一对小马。”这说明家里孩子不止一个，我们就有兴趣了。“父亲牵着缰绳把马儿领到房间，大我三岁的姐姐……”这就说明推断错误，需要重新校正。实际上这个才是妹妹，说明姐姐是被妈妈喜欢的。这也就表明故事中出现的爸爸和两匹小马了。“姐姐牵着其中一匹马就大摇大摆去街上了。”表现出姐姐的胜利姿态。"她的小马走得太快了，我都跟不上，只能加快自己的步伐。"都是因为她先走的原因。"后来我因为走太快结果摔了个狗吃屎。"本来满心欢喜的期待，结果换来被路人嘲笑。她赢了，我输了。其实我都能猜出女孩儿要说的话："我必须时刻保持着小心才可以，如果姐姐永远都在前面，我就永远都赢不了，也就会必然摔倒，所以我只有争夺到第一，我才能够保障我自身的安全。"而且，母亲肯定都是偏向姐姐多一点的，那我就只能依赖父亲了。

"即使后来在和姐姐骑马的时候表现得更好，可我依旧不能忘记当初那种失望的感觉。"到这里，我们前面所有的猜想基本都能证实了。两姐妹一直都在处于竞争的状态。妹妹总觉得："我老是比别人弱，我想要变得别人强，我要赶上去超过他们。"这种类型就是之前我们说的次子女出现的情况。这种人的家庭里总有一个跑在前面的兄弟姐妹，以至于他们后来就只能去努力追赶。记忆对女孩儿的态度进行了强化。"一旦有比我更优秀的人在，我一定会受到危险和排挤，所以我必须要去争这个第一。"

4. "我的早期记忆就是陪姐姐参加各种各样的社交聚会，因为她比我整整大了十八岁。"在这名女孩儿的回忆里她已经是社会上的一分子了。对于她的记忆，我们可能得去寻找更高契合度的合作人。因为姐姐比她大十八岁，长姐如母的感觉想必她一定能感受到。而这位姐姐也很聪明，她把妹妹带到社会上去，将她的兴趣扩展开来。

"我的家里除了四个男孩儿外，在我出生前就只有姐姐一个女孩儿。所以她肯定会拉着我到处去逛，去招摇显摆。"感觉好像也不是我们想象中的那样好。因为这孩子用了"招摇显摆"这个词，很明显，从这方面来说，女孩儿就不是一个愿意付出的人，她更多的是想要得到社会上人的兴趣和关注。"由于我经常和姐姐参加这些聚会，在我印象里，我基本上就常常被逼无奈地说一些不想说的话，比如，告诉这女士你的名字啊。就像这种。"这种错误的教育很可能会导致女孩儿口吃，或者女孩儿在其他方面有表达困难。我们可以完全预料到，过多地去关注孩子的表达就有可能造成口吃的现象。无法做到像正常人那般交流顺畅，因为他们受到的教育就是能得到他人的关注就好，让别人来称赞他。

"还有就是，要是我什么都不说的话，回到家里还会被骂。所以我就干脆不出门，也不想和别人接触。"这点把我们以为的猜测全部推翻了。从她这句话里，我们能看出的有关早期记忆中真正的含义是："因为我经常被迫去和别人接触交流，而且这些经历都令我感到不开心。所以对于社会上这些合作和互动我就很讨厌了。"因此，我们就能判断她现在的困扰就是不想和别人打交道。本来在内心深处，她都以为自己会是那个光芒四射的女孩儿，结果每当和别人接触交流时，总会紧张不安。想改变这种状况对她来说实在是太难了。于是乎，她也就渐渐失去了那种和别人正常交流的状态。

5."那是我能想起来的很早的事了，我很清楚地记得那时发生的大事。四岁那年，我曾祖母来看望我们。"尽管我们现在知道祖父祖母们都很喜欢自己的孙子孙女，但是我们还不了解这一位对孩子又是怎样的对待。"她来看我们，我们顺便就拍了一张四世同堂的照片。"看得出，女孩关心族谱问题。从曾祖母来看望孩子，然后大家还其乐融融地拍照片留念，我们可以分析这女孩有种对家庭深深的依恋感，而且她自身的合作能力可能也就仅仅局限于这个家族圈子。

"我记得很清楚，我们乘车去了另一个镇上，拍照的时候我还特地选了一身白色绣花的衣服。"听这个描述，女孩儿同样属于视觉型的人。"在拍全家福时，我和弟弟合照了一张。"这里又突出对家庭的关怀。弟弟作为家里的一分子，我们很可能还会看到更多她和弟弟的联系呢。"父母给了弟弟一个红球，让他抱着坐我旁边的椅子上。"听到这里，我们终于发现了孩子的主要目标。她觉得，弟弟比她更受宠爱。由此能推测出，她弟弟的出生，对她而言不怎么好，一来自己再也不是家里最小的孩子了，而且家人把原本对我的关爱都转移到了弟弟身上。"拍照的时候让我笑笑，可是我又有啥资本笑呢？不光安排了一个好座位给他，还给了他一个漂亮的红球。我什么也没有……"

"后面就是集体拍大合照了。所有人都在把自己最美好的——表现出来，除了我。因为我笑不出来。"就因为这个原因，她认为家人对她很不好，所以处处去挑战家庭。她的这段早期记忆表明：看到了吧，我的家庭就是这样对我的！"而看到弟弟笑的时候，他竟然笑得那么开心自在，从那以后，我对照相就完全没兴趣了。"

通过这种类似情况，我们可以了解到大部分人在面对生活时采取的态度。通过这个印象，我们判断他接下来所有完整行为，并且按照这个既定的事实来实施方案。所以，单就对这女孩儿来说，她在拍这张照片的过程中，感到非常不快乐，所以造成了她现在对拍照的反感。如果一旦某人不喜欢某物，他通常的做法就是会为了自己的不喜欢去辩解，并且根据自身的经历来解释。我们从这段早期的记忆中找到两条有用的线索，根据这个我们能研究出主人的性格。第一，女孩是视觉型的人；第二，她很依赖自己的家庭，这也是最重要的一点。她讲述出来的早期记忆就是发生在自己的这个家族圈子里。对她自己来说就很可能适应不了外面的社会环境。

6. "我现在还能记起最早的事就是在我三岁半左右的时候，即使这可能不是最早的，但也算是早期记忆的其中一个了吧。我和我哥哥第一次被带进酒窖里喝酒，还是一个在我父母手下工作的女孩儿，我还记得我们喝的是苹果酒。哥哥和我一样都很喜欢。"这真的是一次有意思的经历，对于我们发现这个酒窖里有苹果酒，这算我们的一次探险旅程吧。如果要我们在这时候就推断一下，我们可以从两种推断中选出一个。一个就是女孩儿很喜欢新鲜刺激的事情，这让她常常怀着一种对生活的激情。但是也许会相反的，她表示经常会有意志力更强的人来引诱她，结果走上错误的道路。我们做出判断还是要看她接下来的回忆。"过一会儿后，我们都想再喝点，于是自己去拿。"这个女孩儿，表明她勇敢自立的想法。"可是偏偏这时候，我腿软了，苹果酒被打翻在地，整个地面湿了一大片。"我们看出来了，有点禁酒主义者的感觉。

"我也不知道是不是因为这个事，导致后来我对苹果酒或者其他酒精类的饮品都不感兴趣。"结果，就因为这么一个不小心的举动造成了这个完整生活态度的成因。如果我们仅从这件事情上来说，肯定还没有严重到对女孩儿造成这样的影响。但是女孩儿却把这事当成了不喜欢酒精类饮品的借口。没错，这女孩儿确实会吃一堑长一智。每次犯错后都能立马改正，这是她生活品质的又一个特点。根据她的所有描述，我们都能看到："我也会犯错误，但是我犯错之后会立马改正。"这样的人格自然是好的，具备良好的合作心态，也能自我不断发展完善，对于生活也有自己的规划。

通过上面这六个例子，我们会不断提高自身的推断能力，并完善地掌握这门学问。现实中，在我们得出自己对他人的推断时，我们要全方面考察他的其他方面，才能作一个综合的比较。接下来我们看看一些病例，根据这些，我们看出性格在表达方式中的一贯性。

曾有一位三十五岁的男子，因为自己的焦虑症来向我求教。他说只要他出门，就会感到非常焦虑。每次他出门去工作的时候，总是会焦虑不安，特别在办公室的时候，有时还会偷偷啜泣，但是只要回到家里，坐在母亲身边，这些症状都会全部消失。当我问他早期记忆的情况时，他说："四岁那年，我在家里的窗户边坐着，正看着外面的街道和行色匆匆的人们。"他想做一个观察别人行为的人，可是自己只想就这样坐着。他认为自己和别人无法一起工作，我们想改变他的这种状况，就只有让他改掉这个想法。结果到现在，他还是认为自己只有依靠别人才能支撑走下去。他的观点我们必须要改正。无论我们用责骂、药物或者激素都不能对他有帮助。不过我们从早期记忆里，可以发现他能够胜任的工作是什么。他对观察别人感兴趣。可是我们忽略了他眼睛近视的问题，结果在观察别人的时候，反而需要更大的注意力才可以。等到他长大之后，本应该到社会上工作，结果他依旧不愿意出去，只想在家里继续观察别人。其实这两者之间并没有多大的矛盾。他后来痊愈之后，找到了一份和自己兴趣相符的工作，开了一家艺术商品店，终于可以把自己放进社会和劳动分工里。

还有一名三十二岁的男性癔病失语症患者。他只能喃喃细语地说几个字，其他根本不行，患病已经两年了。事件是这样的，某天他在路上不小心踩到一块香蕉皮，结果跌倒撞在的士的窗户上。接下来两天里，他总是呕吐。结果还患上了偏头痛的症状。是的，那一次的撞击，使他得了脑震荡。可是对于他的喉咙，却并没有发生什么器质性的病变，那么这个脑震荡也解释不了他失语的原因啊。发生这件事之后，他整整将近两个月说不了话。直到现在，因为这事情都还在打官司，不过很麻烦。他呢，就认为出租车司机应该负全责，并且把司机上告到法庭之上，要求赔偿他的经济损失。当然，假如你身上有某一部位的残疾，那么法官就会认为你有很大优势。虽然这不算什么弄虚作假，但是让他重新开口说话的动力也真的找不出来。我们能想到的一种极大可能：在那次撞击事故之后，他确实感觉到自己说话不像以前正常，可是他也没有理由来改变这个状况。

他以前还找过专门的喉科专家，可是医生也没有发现他的喉咙有什么问题。我让他回忆自己的最初记忆，他说："我小时候平躺在一个吊篮里。我亲眼看到那上面的钩子脱落，我摔在地上受了重伤。"正常人都不会想着自己被摔，可是这个人不仅很重视，还发现其中的危险性。很显然，他很关心这个事。"就在我摔下来的时候，妈妈开门进来看到摔在地上的我，整个人被吓坏了。"因为这个事，他吸引到了母亲的注意。结果呢，倒不如说他在谴责母亲："她根本没有照顾好我。"相同地，这个司机和这家出租车公司也没意识到这点。他没有被这些人好好照顾。我们可以看出这个孩子肯定是被溺爱的，因为他只想让别人对他负责。

接下来的描述和这个大相径庭。"五岁的时候，我从二十英尺（1英尺 =0.3048 米）的楼上摔下来，一块重重的木板还压在我脑袋上。接下来的五六分钟里，我感到无法开口说话。"看得出来，他很享受"失语"。对这有着丰富的经验，他常常把摔倒作为不和别人交流的借口。这个借口我们当然是不认同的，可是他不这样看。长时间的推移，他已经习惯了这种方式，以至于后来只要一摔倒，他就条件反射地不能说话。他想要治好这个病，就得把自己的这个错误观念给纠正过来，明白摔倒和不能说话两者之间根本没有必然的联系，更需要注意的是，为了小小的一个意外事件而这样吞吞吐吐两年完全不值得。

可是我们从他的早期记忆里可以看出他为什么理解不了的原因。"我妈妈赶忙跑出来，看样子被吓坏了。"他的这两次摔倒都成功地吸引到了母亲对他的关注。他就想成为大家眼中的世界，就想大家都把他作为中心。他的这种做法，就是为自己的不幸寻找补偿。别的孩子在这种情况下可能也会有相同的做法，肯定也会有不选择把语言表达作为有力武器的人。选择语言能力的缺失是我们这位患者的专利，是他依据自己的经历组成的生活一部分。

还有一个是二十六岁的男病人，他一直苦于自己找不到好的工作。八年前，他在父亲帮助下成了一名经纪人，可是他自己根本就不喜欢这份工作，最终还是选择辞职了。尽管他也去找过别的工作，但都没有满意的。晚上睡觉还会经常失眠，甚至偶尔还有自杀的念头。辞职之后他离家来到另一座城市寻找工作，可是母亲病危的消息，又把他拉回了家中。

根据这些我们可以推断，父亲想要儿子按照自己安排好的路走，母亲又很宠爱他。在接下来的生活里，他就会渐渐开始反抗父亲的控制。对于家里的地位，他是家里最小的而且唯一的男孩。两个姐姐也都经常叫他做什么他做什么，总是在指示他干什么，父亲也喋喋不休。他就感觉自己被整个家庭控制了，只有母亲才把他当朋友。

直到十四岁，他才开始上学。父亲让他去农业学校学习的目的也是为了能够在将来可以在自己收购的那个农场里打打下手。在学校的生活还不错，不过他也肯定地表达了自己不想当农民的想法。所以他父亲安排经纪人的工作给他。不可思议的是，他竟然在这行业待了八年。但是他的理由是为了能多照顾母亲。

小时候的他，邋遢、胆小、怕黑，也不敢一个人。

一听到说某个孩子不邋遢的时候，我们就能知道在他身后肯定有一个经常帮着收拾的人。孩子一旦感到害怕或者孤独的时候，我们就能猜测，总会有人在他们失落的时候去关心安慰他们。对这个年轻人来说，这个人就是他的母亲。交朋友对他而言确实不容易，但是面对陌生人时，他能应付自如。没有谈过恋爱，也不知道爱情是什么滋味，当然也就没有结婚的想法。他童年就是在父母不幸福的爱情中度过的，自然而然地就会拒绝婚姻。

尽管他接受了父亲给他安排的工作，可是父亲还是没有不对他施加压力。自己的兴趣是在广告行业，可是父母是不会花钱送他去学广告的。在所有的细枝末节上，我们都能看出这孩子的一切行为目标，都是表现一种和父亲的抗争。尽管他在做经纪人工作时，有足够的资本去花钱学习这个专业，但是他却不愿意自己出这个钱。他认为这只是一个可以跟父亲提要求的理由。早期记忆在他的脑海里呈现出来的，他就是一个被宠坏的孩子对抗一位专制父亲。他在父亲饭店里工作，喜欢把盘子洗干净，还喜欢把盘子从这张桌子移到另一张桌子上。这种行为父亲当然看不惯，结果当着客人的面，他被父亲狠狠地扇了耳光。所有这些最初的记忆，证明他把父亲当作一个敌人，一个要与之战斗一生的人。他心里对工作并没有渴望，但是他满意的事情只有通过去伤害父亲来获得。

自杀的想法也可以说明，所有的自杀行为都是为了表达一种谴责，通过自杀来表明"所有的后果都是由父亲的错造成的"。所有表达出对自己工作的不满来反抗父亲。尽管他想反抗父亲安排的一切，可是因为母亲从小对他的溺爱，他又没有能力独自生活。工作并不是他想要的。他想玩，好在母亲还是他的生活伙伴。但是，对于他经常的失眠，又怎么会和反抗父亲有关呢？

因为工作，睡眠不好的话必然会影响工作的效率。父亲希望他工作，但是男孩儿厌倦工作。如果不是为了考虑到母亲和自己的经济条件，他当然可以说"我不想工作，不想被控制"。一旦武断地拒绝父亲的工作，家人就会认为这男孩儿已经无药可救了，也就不会再提供帮助。所以，失眠这个理由成了最好的挡箭牌。

最开始他从来不会做梦，可到了后来，他开始不断地重复做同一个梦。梦里的场景是一个人拿着球往墙上扔，但是最后总是弹开。表面上看起来这就是一个毫无关联的梦，但是真的就这么没有任何联系吗？

我问："后来呢？"他告诉我们："只要球一弹开，我就醒了。"

从这里结束，他失眠的原因都全部出来了。这个梦就是他用来叫醒自己的闹钟。他把周围的所有人看成想要把球压在墙上的手，人们不断地给他施加压力，不断地逼迫他，强迫他去做自己不愿意做的事。他每天做这个梦后醒过来都会感觉身心疲惫，一旦疲惫，也就无法正常工作了。父亲对他的工作一紧张，他就可以通过这种方式来打败父亲。单单从他和父亲的抗争中，我们就能发现他很聪明，竟然能想到这种办法。但是，不管对他父亲还是对自己来说，这方法都不可取。所以我们对他的改变迫在眉睫。

当他听了我的解释之后，果然，他也就没再做梦了。但是会时常醒过来。他知道这个梦的目的后不愿意再这样继续下去，可是还是尝试着让自己第二天的工作状态不佳。那我们能采取什么办法呢？可能只有和解才是解决两人之间问题的唯一办法。前提是他不能再把目标放在父亲身上，也不要想着去如何战胜父亲。按照我们工作的步骤来，我们最开始要表达对他态度的认同。

我说："你父亲的想法确实错了，他总是在想着将自己的权威强加到你身上，这是非常错误的行为。"或许他的一些毛病也需要看心理医生。但是作为他的孩子，你没有办法去改变他啊。就像天突然下雨了，你会怎么做？打伞，或者打辆车。但是不管怎么样，你想要控制不下雨都是不现实的。你现在的这种状况就是想要控制不下雨。虽然在你看来，你很勇敢，能占据有利地位。可是受伤最多的还是你啊。

我与他说了他在我面前所呈现的一切问题中发现的一致点，不管是不喜欢工作，或想自杀，或者离家出走、失眠等方面，都是一种自损八百，伤敌一千的行为。而且我还告诉他："你现在睡觉一次次地醒来，然后第二天拖着疲惫的身体去上班，父亲看着你这个样子后，又会对你呵斥责骂。"我希望你能正视现实：他主要是想激怒父亲并看到父亲伤害自己。解决不了这种斗争行为，我们再怎么治疗也没有用。作为一个被溺爱的孩子，我们可以看出，而他自己也开始渐渐了解。

这种情绪和俄狄浦斯情结很相似。这个年轻男子一边依赖自己的母亲，一边又不断想要去"伤害父亲"。所有的这些和性没有关系。母亲的纵容、父亲的冷漠，使他从小到大就没有得到正确的引导，也没有一个自己准确的定位，并且这和遗传性问题也没有关系。这种行为都是他自己的真实经历，每一个孩子都可能有这种态度。只要这个孩子有一个和这年轻人相似的溺爱他的母亲，一个相似的冷漠的父亲。孩子想要反抗父亲，但是自己能力又不够，那么要演变成做模样太简单了。

有一个震惊的事实，所有人都有做过梦的经历，可是绝大部分的人都理解不了。可能因为做梦是一种非常常见的心理活动吧。人们对梦的兴趣来自想要理解它的意义。很多人对自己的梦抱有奇异、预言等的想法。人类在最早的时候就已经发现这一兴趣了。不过，人们对于自己做的梦到底是什么意思，或者有什么意义，还是一无所知。就我个人而言，能够在梦的解析方面有权威性的只有两个：一个是个体心理学派，另一个就是弗洛伊德的精神分析学派。至于这两者，适用于普遍性研究意义的，恐怕只有个体心理学了。